U0150294

复杂动态环境下非合作目标探测与识别

蔡 磊 著

科 学 出 版 社

北 京

内 容 简 介

本书以非合作目标探测与识别为主线,深入挖掘了复杂动态环境对目标探测与识别的影响因素,围绕复杂动态环境强干扰导致的目标特征畸变与缺失、特征模糊不清等问题,提出了特征畸变与缺失下的非合作目标探测与识别方法、特征模糊下的非合作目标探测与识别方法,构建了小样本强干扰下的非合作目标探测与识别方法。更进一步,把多智能体协同协作机制引入到非合作目标识别与探测领域,分别构建了面向多自主水下航行器围捕的非合作目标探测与识别方法、基于多视角光场重构的非合作目标探测与识别方法。

本书可以为机器人技术、人工智能、图像处理、目标识别等领域及交叉领域中从事机器学习、信息融合、模式识别及相关应用研究的技术人员提供参考。

图书在版编目(CIP)数据

复杂动态环境下非合作目标探测与识别 / 蔡磊著. — 北京:科学出版社,2023.6

ISBN 978-7-03-074922-2

Ⅰ. ①复… Ⅱ. ①蔡… Ⅲ. ①目标探测−探测技术−研究
②自动识别 Ⅳ. ①TB4②TP391.4

中国国家版本馆 CIP 数据核字(2023)第 030028 号

责任编辑:王 哲 / 责任校对:胡小洁
责任印制:师艳茹 / 封面设计:迷底书装

科 学 出 版 社 出版
北京东黄城根北街 16 号
邮政编码:100717
http://www.sciencep.com

河北鹏润印刷有限公司印刷
科学出版社发行 各地新华书店经销

*

2023 年 6 月第 一 版 开本:720×1 000 1/16
2023 年 6 月第一次印刷 印张:11 1/4 插页:6
字数:250 000
定价:**119.00 元**
(如有印装质量问题,我社负责调换)

作 者 简 介

　　蔡磊，男，博士（后），教授，博士生导师。河南省政府特殊津贴专家，河南省机器人行业协会副会长，河南省新乡市科协副主席，中国自动化学会机器人专委会委员。现任河南科技学院人工智能学院院长。

　　主持国家重点研发计划智能机器人重点专项、军委科技委 H863 计划、中央支持地方高校专项等省部级以上重点项目 6 项，其他省部级项目 10 余项；研发具有自主知识产权的智能机器人产品 30 余台（套），授权发明专利 20 余项；发表 SCI/EI 检索论文 50 余篇，出版学术专著 2 部；获得河南省科技进步奖 1 项，军队科技进步奖 2 项，空军技术革新奖 2 项。

前　言

近年来，随着科学技术的飞速发展，人类对于深海、深地、深空等复杂动态环境中资源的重视程度越来越高，尤其是随着人类对世界的探索从陆地转向海洋，以及海洋在军事对抗、国防建设和国民经济建设等方面的重要性逐渐突显，世界各国和地区纷纷将目光聚焦于水下，竞相开展水下目标探测技术的研究，针对蛙人、水下机器人、自主水下航行器等非合作目标探测与识别的技术是重中之重。蛙人等水下非合作目标具有回波微弱、机动性强等特点，并且由于水下环境干扰严重、可视范围较小，对于这类非合作目标的探测和识别等问题一直是目标探测领域的难题。随着实际问题研究的深化和应用中不断提高的要求，深入研究复杂动态环境下非合作目标探测的新理论和新方法，解决复杂动态背景噪声环境中非合作目标的探测问题，对于提高复杂动态环境下探测设备的技术性能具有重要的意义。

非合作目标具有机动性、对抗性、主动规避性、模型信息未知性等特点，其真实信息除了传感器可以直接量测外，再无任何其他技术手段能够获取目标的准确信息。非合作目标会主动利用水下环境中高耸的海山、起伏的海丘、绵延的海岭、深邃的海沟等地貌进行隐藏，很难获取完备的非合作目标特征数据，导致非合作目标特征部分缺失。在实际的深海等复杂动态环境中，水质浑浊、光线不足、目标遮挡等不利因素的存在，导致很难获取目标完备的特征数据，再加上非合作目标训练样本稀缺，更增加了目标探测与识别的难度。此外，水下通信延迟与时变海流也会严重影响非合作目标特征获取、信息处理等探测与识别的各个环节。

本书以非合作目标探测与识别为主线，深入挖掘复杂动态环境对目标探测与识别的影响因素，围绕复杂动态环境强干扰导致的目标特征畸变与缺失、特征模糊不清等问题，提出特征畸变与缺失下的非合作目标探测与识别方法、特征模糊下的非合作目标探测与识别方法，构建小样本强干扰下的非合作目标探测与识别方法。更进一步，把多智能体协同协作机制引入到非合作目标识别与探测领域，分别构建面向多自主水下航行器围捕的非合作目标探测与识别方法、基于多视角光场重构的非合作目标探测与识别方法。

第 1 章分析水下环境中非合作目标特征畸变与缺失的原因，针对水下非合作目标特征畸变问题，结合二元交叉熵损失对目标关键特征信息进行提取，并利用特征的相对距离关系对光线折射造成的图像扭曲进行修正，从而增加目标识别与定位的准确性。针对水下非合作目标特征缺失的难题，构建可增强图像特征的非合作机动目标识别方法。通过在静态相关矩阵上增加当前图像的标签信息，构建动态的相关矩阵表示目标的空间语义关系，弥补目标畸变和遮挡造成的显著特征不足。

第 2 章针对捕获到的水下目标图像模糊不清等难题，提出多尺度特征融合的模糊目标探测与识别方法，利用训练集和当前训练批次的数据标签构建新型的动态条件概率相关矩阵，并建立显著特征金字塔网络，解决模糊小尺度目标特征消失难题；构建增强混合扩张卷积的水下模糊小目标识别方法，通过混合扩张卷积特征提取网络对模糊小目标特征进行提取，增加算法感受野的同时不增加算法计算量。

第 3 章提出小样本强干扰下的非合作目标探测与识别方法。首先，分析水下噪声环境中相位差估计的误差特性，针对相位差序列带宽动态变动、易被噪声影响的特点，提出非合作目标多阶段主动探测与识别方法。此外，通过距离感知模块与频率调节模块使声呐设备具备检测距离调节功能，配合成像数据主动校正算法使检测目标图像更加清晰；同时，引入强化迁移学习与光场重构算法，提高了非合作目标探测精度与识别准确率。

在前三章的基础上，第 4 章和第 5 章把多智能体协同与协作机制引入非合作目标探测与识别领域，通过多智能体协同与协作，完成对非合作目标信息的采集与探测，提高非合作目标识别的准确率。

第 4 章针对多智能体协同围捕过程中非合作目标特征难以捕获以及时变海流与通信延迟干扰等难题，利用小波变换和仿射不变性对多智能体采集的目标信息进行特征融合，根据马氏距离计算特征的相似度，建立基于深度置信网络的特征迁移学习模型。利用 VGG-19 网络提取目标有效特征，基于元学习理论和随机梯度下降法对特征提取过程的参数变化情况进行训练，构建基于 GAN-元学习的目标识别方法。

第 5 章针对光场重构数据量大、重构可用数据不足、重构耗时长等问题，提出一种多视角光场重构方法，并将其应用于非合作目标识别领域。对光场进行多视角表示，并对其进行稀疏表示与重构，结合多智能体分布式协同理论，建立区域全覆盖约束下的多视角光场协作机制，提出基于多视角的光场重构方法；将多智能体协作机制引入光场重构领域，通过各视角融合得出的观测一致性均值有效去除了冗余和高噪声重构样本数据，并利用 GAN 生成数据和增强数据，提出基于 GAN 的多视角光场重构方法；建立相似度量模型，根据特征间的相似度阈值选择强化学习或特征迁移学习模型，并利用多主体 Q 学习目标域与源域特征集，构建基于迁移强化学习的多视角光场重构方法。

在国家重点研发计划项目（2019YFB1311002）、军委科技委 H863 计划项目的资助下，本书对复杂动态环境下非合作目标探测与识别方法进行了较为系统的研究与探讨。

鉴于复杂动态环境下非合作目标探测与识别展现的广阔前景，以及对社会各个方面的重要影响，本书作者在该领域进行了深入而有成效的研究工作，通过近十年的探索研究，取得了一些成果，并在相关应用领域进行了广泛尝试。从复杂动态环境下非合作目标探测与识别的角度，对很多复杂问题提出了新颖的解决思路和方法。基于前面的工作，结合国内外的发展动态，本书集合了当前复杂动态环境下非合作目标探测与识别的很多相关内容。不仅包括复杂动态环境下非合作目标探测与识别的基础理论介绍，也加入了许多最新技术在不同领域的应用工作解析。

本书是河南省智能农业机器人技术工程研究中心、国家 863 计划智能机器人主题产业化基地河南分中心、河南科技学院智能机器人团队近十年来集体智慧的结晶。特别感谢山东大学李贻斌教授多年来的悉心培养和指导；非常感谢山东大学荣学文教授、陈振学教授，河南工业大学吴兰教授的支持和帮助；感谢河南科技学院徐涛博士、柴豪杰博士、马玉琨博士的帮助；感谢罗培恩、孙乾坤、陈闯、秦晓晨、李岳峻、杨祖涛等智能机器人团队全体成员所付出的辛勤劳动；感谢作者家人的大力支持和理解。

由于作者水平有限，书中不妥之处在所难免，恳请读者批评指正。

蔡 磊

2023 年 4 月

目　　录

彩图

第 1 章　特征畸变与缺失下的非合作
目标探测与识别方法

1.1　绪　　论

1.1.1　引言

随着水下无人设备与技术的发展，水下安保问题变得愈发突出，如何对水下非合作目标，例如非友方的潜艇、蛙人、自主水下航行器（Autonomous Underwater Vehicle，AUV）、鱼雷等进行探测与识别就成为了亟待解决的难题。而对水下目标图像的有效获取是执行相关任务的必要前提。在实际的水下环境中，光线的散射和折射等因素造成捕获的目标图像扭曲等不确定性畸变；此外，非合作目标会主动利用水下环境中高耸的海山、起伏的海丘、绵延的海岭、深邃的海沟等地貌进行隐藏，很难获取完备的非合作目标特征数据，从而导致目标特征部分缺失[1]。

本章针对水下非合作目标特征畸变的难题，提出了特征畸变下的非合作目标识别方法，结合二元交叉熵损失对目标关键特征信息进行提取，并利用特征的相对距离关系对光线折射造成的图像扭曲进行修正，从而增加目标识别与定位的准确性。针对水下非合作目标特征缺失的难题，构建了可增强图像特征的非合作机动目标识别方法，通过在静态相关矩阵上增加当前图像的标签信息，构建动态的相关矩阵表示目标的空间语义关系，弥补目标畸变和遮挡造成的显著特征不足。

1.1.2　国内外研究现状

在水下非合作目标图像特征存在扭曲畸变的情况下，仅依靠传统的无监督表示学习很难提取完备的目标显著特征，将严重影响水下目标识别精度。现有目标识别算法通常需要大量有标签数据进行训练，以获得具有强泛化能力的网络模型[2,3]。在复杂多变的水下环境中，样本数据收集和标注成本较高，使得获取大量有标注样本数据集较为困难。近年来，学者们[4,5]提出的无监督表示学习可以通过无标签数据集进行训练。该方法忽略图像中部分细节信息，只学习可区分性的显著特征。因此，利用无监督表示学习提取水下畸变目标的显著特征，并用于后续的检测与识别任务，可以在一定程度上提高算法的准确率[6]。

在目标受到遮挡导致图像特征缺失的情况下，图神经网络根据相关矩阵学习目标的空间语义特征，可以弥补畸变目标的特征缺失。传统的相关矩阵通常由训练集的标签共现关系获得[7,8]。然而，水下环境中不同类型目标的采集难度不同，使得训练集中标签数量分布不均[9,10]。此外，部分罕见的共现关系可能是噪声。在这种情况下，基于标签共现关系构造的相关矩阵具有一定的局限性。因此，如何在上述干扰下，准确地对扭曲畸变目标进行检测和识别是解决难题的关键。

1.1.2.1 畸变非合作目标识别研究现状

（1）畸变图像校正方面。针对水下图像颜色失真和对比度低的问题，Li[11]通过注意力机制从多个颜色空间中提取最具辨别力的特征。Jiang[12]和 Ye[13]通过迁移学习的方式将空中图像去雾算法引入水下图像增强领域。针对原始数据集中样本失真的问题，Zhang[14]通过双生成对抗网络将其分割为清晰和不清晰部分，并采用不同的训练策略训练网络。Li[15]提出用于增强真实水下图像的融合对抗网络，对不同退化场景的水下图像进行增强。Lin[16]研究水下目标的物理变形过程，提出一种两阶段网络对目标水平和垂直方向的变形进行恢复。Zhang[17]提出一种新的颜色校正和双间隔对比度增强方法，以提高水下图像的质量。Fu[18]结合深度学习和传统图像增强技术，提出一个双分支网络分别补偿全局颜色失真的局部对比度降低。Guo[19]通过多尺度密集生成对抗网络对模糊的水下图像进行增强。Sun[20]提出一种多尺度去噪自编码器模型，并引入互补信息，将不同尺度再现的光谱进行融合，为后续的目标识别提供更复杂的信息和更鲁棒的特征。

（2）目标检测方面。Shi[21]和 Wei[22]对 YOLOv3 算法进行改进，并将其应用于水下复杂场景下的目标检测。Zeng[23]将对抗性遮挡网络添加到标准 Faster R-CNN 检测算法中，通过互相对抗训练获得更高的鲁棒性。Abu[24]提出一种基于统计的无监督算法，用于检测合成孔径声呐图像中的水下物体。Rajasekar[25]和 Rout[26]对水下视频中的物体进行检测，通过增强图像质量的方式提高检测精度。Pan[27]提出一种多尺度 ResNet 网络，提高了水下小目标的检测性能。Fan[28]通过残差块构建一个 32 层的特征提取网络，在保证水下目标检测性能的同时降低网络的参数量。

1.1.2.2 特征缺失非合作目标识别研究现状

（1）显著特征提取方面。Wang[29]提出一种用于无监督多视图表示学习的对抗性相关自动编码器，消除了多视图数据因分布不同而产生的差异。另外，Han[30]

提出一种用于图像分类的半监督的多视图流形状判别完整空间学习方法，通过多视图数据学习完整的特征表示。Le-Khac[31]总结提出一个对比表示学习的通用框架，解决了对比学习框架在计算机视觉领域的应用。Chen[32]通过嵌入注意力机制扩展了现有的对比学习算法，提高算法的学习效率和泛化能力。Li[33]提出一个通过稀疏自动编码器进行无监督表示学习的中间层特征表示框架，该方法减少了无监督表示学习的参数数量。为解决小样本情况下交叉熵损失性能不足的问题，Lee[34]通过对比学习增强特征提取网络。Cao[35]通过无监督表示学习提取目标具有代表性的特征，提高算法的分类精度。

（2）空间语义特征方面。图像包含丰富的空间语义关系。Su[36]提出一种新的多图嵌入的判别性相关特征学习方法。该方法抓住了每个视图的内在几何结构，学习了具有良好识别能力的非线性相关特征。Ma[37]提出一种基于空间背景的多尺度语义边缘检测深度网络。该网络获得了丰富的多尺度特征，同时增强了高层特征细节。Yang[38]提出结合结构化语义相关性来解决多标签学习中标签缺失的问题。Zhao[39]设计一个多任务框架来联合处理天气线索的分割任务和天气分类任务，解决了单一天气标签分类性能不佳的问题。Khan[40]提出一个新的多标签的深度图卷积神经网络。该网络可以从不规则结构中提取判别性特征，以提高分类结果。Nauata[41]通过结构化推理神经网络对标签之间的复杂关系进行建模，提高算法的适用性和稳健性。Chen[42]提出一个空间记忆网络，利用物体的上下文关系来提高目标检测的准确性。Yan[43]提出一个特征注意网络，解决物体尺度不一致和类别标签不平衡的问题。Li[44]使用图卷积网络和自适应标注图来学习标签相关性，通过两个 1×1 卷积层生成自适应标签图。Yun[45]提出一个用于多标签分类的双聚合特征金字塔网络，该网络不需要区域建议，大大降低了计算负担。为了解决具有复杂特征但样本数量少的类难以正确分类的问题，Zhi[46]提出一个基于多路径结构的端到端卷积神经网络。Wang[47]使用相似性约束来捕获可用信息和特权信息之间的关系，并使用排名约束来捕获多个标签之间的依赖关系。Gao[48]设计一个多类注意区域模块，以减少注意区域的数量，同时保持这些区域的多样性的可能。

（3）目标识别方面。针对水下环境干扰和算法的实时性问题，Cai[49]提出一种基于迁移强化学习的协作式多 AUV 目标识别方法。Zhang[50]提出一个语义空间融合网络来弥补低级和高级特征之间的差距。Moniruzzaman[51]提出一种使用 Inception V2 网络的 Faster R-CNN 算法，该方法可以在目标和周围边界差异较小的情况下提高算法的平均检测精度。Wang[52]提出一种用于无标签视觉识别的多视图视觉语义表示方法，该方法利用图像的视觉和语义表示来预测图像的类别。为了提高算法的收敛速度，Cai[53]设计一种有效的外部空间加速算法。Sun[54]提出一种基于 GAN-元学习的多 AUV 目标识别方法，实验结果表明，该方法可以提高模型的泛化能力。Chen[55]提出一个新的迭代视觉推理框架，该框架有效地提高了目标识别的准确性。Cai 等[56-58]将光场重构引入机动目标识别领域，可以忽略拍摄角度对识别结果的影响，并通过生成对抗网络（Generative Adversarial Network，GAN）、迁移学习和强化学习等方法对算法进行优化，提高算法的实时性。Luo[59]将 GAN 引入多 AUV 目标识别领域，降低水下复杂环境对目标识别的影响。

1.1.3　主要研究内容

（1）特征畸变下的非合作目标识别方法。引入跳跃连接的方式有效降低梯度消失问题，同时引入不同膨胀率的扩张模块，降低了算法的参数训练量；结合二元交叉熵损失对目标关键特征信息进行提取，并利用特征的相对距离关系对光线折射造成的图像扭曲进行修正，从而增加目标识别与定位的准确性。

（2）特征缺失下的非合作目标识别方法。将原始样本数据分别与正样本和负样本在特征空间对比，通过最小化 InfoNCE（Info Noise Contrastive Estimation）损失函数训练特征提取网络，提取目标的视觉显著特征；在静态相关矩阵上增加当前图像的标签信息，构建一个动态的相关矩阵表示目标的空间语义关系，弥补目标畸变和遮挡造成的显著特征缺失；融合目标的显著特征和空间语义特征，通过交叉熵损失训练目标识别模型，解决目标畸变和遮挡导致的识别准确率低的问题。

（3）多尺度显著特征畸变校正的非合作目标识别方法。通过显著金字塔网络，提取小目标的多尺度显著性特征；对输入的畸变小目标图像显著特征位置进行对比校正，恢复出较为清晰的目标灰度图像，并对校正后的图像进行目标识别；通过损失函数的设定训练整体目标识别网络，实现水下微小畸变目标的准确识别。

1.2　特征畸变下的非合作目标识别方法

水下环境中，光线的散射和折射等现象导致水下图像发生畸变，严重影响水下非合作目标检测与位置标注的准确性。针对上述问题，本节提出一种特征畸变下的非合作目标识别方法。首先，通过跳跃连接与不同膨胀率的扩张模块对深度残差神经网络进行改进。其次，结合二元交叉熵损失对目标关键特征信息进行抽象提取，并对抽象特征重新编码。最后，对抽象特征进行解码，并利用域对比度损失对特征的相对距离关系进行修正，降低光线折射等因素对水下图像扭曲的影响，增加水下机动目标检测与位置标注的准确性。具体过程如图 1-1 所示。

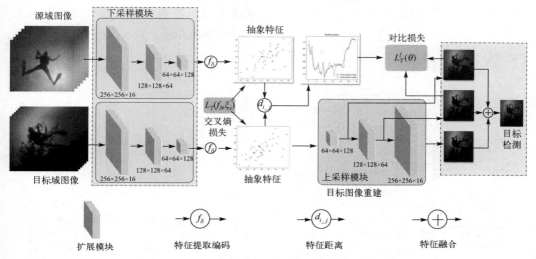

图 1-1　特征畸变下的非合作目标识别方法流程图

1.2.1　改进的深度残差网络模型

深度残差神经网络可以有效地解决梯度消失问题,也使得深层模型更为简单。为了降低基础网络所带来的参数量,提高网络的运行效率,水下非合作目标探测网络采用优化后的 FSSNet[60]作为基础网络。利用编码器网络对畸变的机动目标的抽象特征重新编码,降低色彩、亮度、模糊等因素对检测过程的干扰。通过解码器结合特征的相对位置信息对抽象特征进行重新解码,降低位置偏移与图像扭曲的干扰问题。

假设输入图像为 3 通道 256×256 图像。通过 13 个 3×3 的卷积核以步长为 2 的方式对图像进行卷积操作,卷积后进行批处理归一化和整流线性单元(Rectified Linear Unit, ReLU)优化,即 Conv-BN-ReLU,处理后可得到一个具有 13 通道的特征图。另外进行 2×2 最大池化操作,可得到 1 个 3 通道的特征图。将两个特征图进行融合,得到一个 16 通道的特征图。同时,在输入与输出中加入跳跃连接(skip connection)使模型更好地提取特征,如图 1-2 所示。左侧产生一个 13 通道的特征图(图中橙线),maxpooling 输出一个有 3 通道的下采样特征图(图中红线),图中黄线表示跳跃连接。

为了能够提取不同视野下的特征信息,将 3×3 卷积滤波器设置为具有不同扩张率的卷积模型,即扩张模块。扩张模块的使用可以帮助网络使用更少的网络层来获得更多的感受野,分别设置其膨胀率为 2、5 和 9,扩张卷积的使用使有效感受场增长更快，如图 1-3 所示。图中 *H* 通常定义为一组卷积，后跟一个批处理归一化和 ReLU。本节算法使用参数整流线性单元（Parameter Rectified Linear Unit，PReLU）[61]作为激活函数。

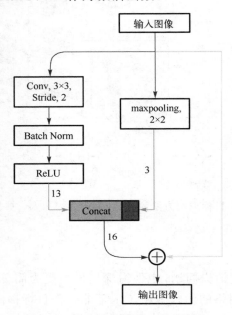

图 1-2　基础网络模块（见彩图）

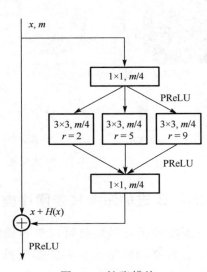

图 1-3　扩张模块

1.2.2　水下畸变图像修正检测

1.2.2.1　抽象特征提取

目前，大多数算法都是通过对原始图像的每个像素进行特征提取处理，提取的特征用于后续的目标识别或者目标检测。但是人眼对图像识别过程时，不完全依赖于图像的每个像素点信息。例如，人眼看到目标的模糊图像或者扭曲图像时依然可以实现准确识别，本节基于此理论对特征提取过程进行优化。

设 S 和 T 分别表示源域与目标域，S 和 T 对应的样本记为 $\left\{x_s^i\right\}_{i=1}^N$ 与 $\left\{x_t^i\right\}_{i=1}^N$，其中 N 表示样本数量。提取目标特征时将样本 x 映射到二维标签空间，具体可表示为 $\xi_s\left(x_s^i\right) \rightarrow \{0,1\}$，其中 $\xi(\bullet)$ 表示映射函数。

由于输入图像存在扭曲变形，所以在特征提取过程中不仅需要对目标特征进行提取，还需要将特征的相对位置信息进行计算与存储。得到相对位置信息后与源域训练的数据信息进行比对，并对输入图像特征位置信息进行修正，使提取特征空间内的信息受图像畸变等干扰影响更小。设 f_δ 为提取特征编码器，对目标抽象特征进行提取。根据二元交叉熵损失可得

$$L_T\left(f_\delta, \xi_S\right) = \frac{1}{N}\sum_i\left(-\xi_S\left(x_s^i\right)\log\left(f_\delta\left(x_s^i\right)\right) - \left(1-\xi_S\left(x_s^i\right)\log\left(1-f_\delta\left(x_s^i\right)\right)\right)\right) \quad （1\text{-}1）$$

式中，$L_T\left(f_\delta, \xi_S\right)$ 表示 f_δ 对于源域标签的经验误差。为提高特征映射函数 $\xi(\bullet)$ 的准确率，可以通过降低误差的方式寻找最优映射函数 $\xi_S^*(\bullet)$

$$\xi_S^*\left(x_s^i\right) = \arg\min_{x_s^i}\left(L_T\left(f_\delta, \xi_S\right)\right) \quad （1\text{-}2）$$

通过特征映射函数 $\xi(\bullet)$ 对输入图像的每个特征重新编码在二维平面内，使后续的扭曲特征矫正更为简单，具体过程如图 1-4 所示。

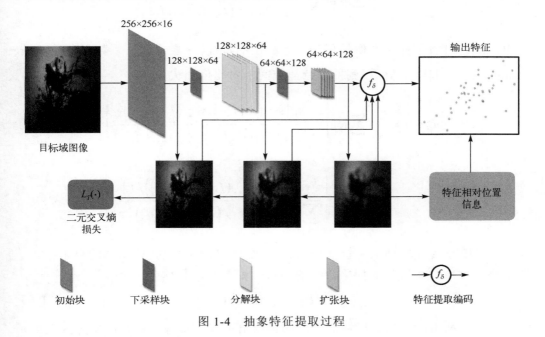

图 1-4　抽象特征提取过程

1.2.2.2　扭曲图像目标检测

本节算法不仅需要对特征进行提取，还需要确定特征相对位置关系。通过特征映射函数 $\xi(\bullet)$ 对输入图像的每个特征映射在二维平面内，并计算特征的相对距离关系 d_{i_j}，具体计算可表示为

$$d_{i\_j} = \left|\delta_i \ \delta_j\right|, \quad \delta_i, \delta_j \in \mathbf{R}^d \quad （1\text{-}3）$$

式中，d_{i_j} 表示特征点 δ_i 与特征点 δ_j 的距离，$|\bullet|$ 表示距离计算。在特征提取过程中同时存储特征之间的距离，即计算各特征的相对位置关系。

设 $x_{s\rightarrow t}^i (I,\theta)$ 表示学习训练的特征，对于源域 S 中的一批样本和目标域 T 中的扭曲图像样本，构造一个正样本对 $\left(x_s^i (I,\theta), x_{s\rightarrow t}^i (I,\theta)\right)$ 和 $N-1$ 个负样本对 $\left(x_s^j (I,\theta), x_{s\rightarrow t}^i (I,\theta)\right)$。源域到抽象特征空间的域对比度损失为

$$L_S^l(\theta) = -\frac{1}{N}\sum_i \log\left(\frac{\exp\left(\text{sim}\left(x_{s\rightarrow t}^i(I,\theta), x_s^i(I,\theta)\right)/\tau\right)}{\sum_j \exp\left(\text{sim}\left(x_{s\rightarrow t}^i(I,\theta), x_s^i(I,\theta)\right)/\tau\right)}\right)$$
$$-\frac{1}{N}\sum_i \log\left(\frac{\exp\left(\text{sim}\left(x_s^i(I,\theta), x_{s\rightarrow t}^i(I,\theta)\right)/\tau\right)}{\sum_j \exp\left(\text{sim}\left(x_s^i(I,\theta), x_{s\rightarrow t}^i(I,\theta)\right)/\tau\right)}\right)$$

（1-4）

式中，$x_s^i (I,\theta)$ 表示样本图像最后一个卷积层的特征，τ 表示温度系数（temperature parameter）。同样，目标域到抽象特征空间的对比度损失为

$$L_T^l(\theta) = -\frac{1}{N}\sum_i \log\left(\frac{\exp\left(\text{sim}\left(x_t^i(I,\theta), x_{t\rightarrow s}^i(I,\theta)\right)/\tau\right)}{\sum_j \exp\left(\text{sim}\left(x_t^i(I,\theta), x_{t\rightarrow s}^i(I,\theta)\right)/\tau\right)}\right)$$
$$-\frac{1}{N}\sum_i \log\left(\frac{\exp\left(\text{sim}\left(x_{t\rightarrow s}^i(I,\theta), x_t^i(I,\theta)\right)/\tau\right)}{\sum_j \exp\left(\text{sim}\left(x_{t\rightarrow s}^i(I,\theta), x_t^i(I,\theta)\right)/\tau\right)}\right)$$

（1-5）

通过缩小目标域到抽象特征空间的对比度损失，实现扭曲图像的自主修正。即缩小目标域与源域中的抽象特征的相对位置关系，具体公式为

$$\hat{L}_T^l(\theta) = \arg\min L_T^l(\theta)$$

（1-6）

同时，利用源域与目标域对比度的极小值位置，实现目标 O 的特定区域识别

$$O = \arg\min\left(L_S^l(\theta) - \hat{L}_T^l(\theta)\right)$$

（1-7）

当水下目标图像发生扭曲变形时，可根据特征的相对位置关系进行图像校正与修复，降低目标无规律扭曲对图像修正的影响。解码过程中，对抽象特征进行还原，同时加入特征的相对位置关系。通过调整特征点的距离关系，实现扭曲变形图像的校正，以及准确定位折射偏移前的目标特征位置，具体过程如图1-5所示。

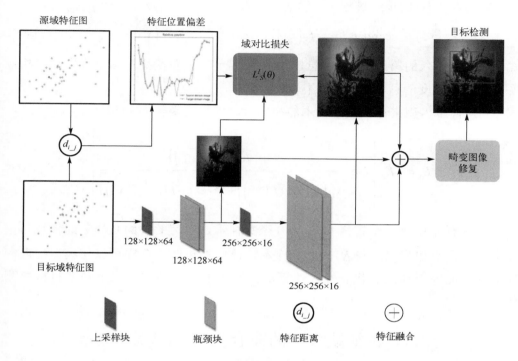

图 1-5　扭曲图像重建过程

1.2.3　模型训练

由于水下图像畸变程度不均匀，且具体数据无法测量，造成采集后的图像发生不可预测的扭曲形变，模型更适合无监督方式进行训练。设 X_s 表示畸变的源域图像信息，Y_s 为对应的标签。假设 X_s 为不含标签的目标域采集图像，利用水下畸变目标检测网络自主提取源域图像的特征信息 (X_s, Y_s)，具体可表示为

$$f_\delta(x) \in \mathcal{F}, \quad \mathcal{F} \in \mathbf{R}^d \qquad (1\text{-}8)$$

式中，$x \in X_s$，$\mathcal{F}$ 为特征空间，水下畸变目标检测网络利用深度残差神经网络对编码器 $f_\delta(\bullet)$ 进行训练学习。

为了保证网络具有良好的收敛性和有效的学习能力。设 x_i^a 为一个锚定样本，可以通过计算获得正样本 $x_i^+ = \underset{x_i^+}{\arg\max} f_\delta(x_i^a) - f_\delta(x_i^+)^2$，也可以获得对应的负样本 $x_i^- = \underset{x_i^-}{\arg\max} f_\delta(x_i^a) - f_\delta(x_i^-)^2$。

编码器 $f_\delta(\bullet)$ 的更新过程可以写为

$$\text{score}\Big(f_\delta(x_i), f_\delta(x_i^+)\Big) \gg \text{score}\Big(f_\delta(x_i), f_\delta(x_i^-)\Big) \quad\quad （1\text{-}9）$$

式中，x_i 为输入的第 i 个样本信息，$\text{score}(\bullet)$ 是一个度量函数来衡量样本间的相似度，利用相似度信息对编码器 $f_\delta(\bullet)$ 进行训练。

利用向量内积来计算两个样本的相似度，则损失函数 L_δ 可以表示为

$$L_\delta = -E_X \left[\log \frac{\exp\Big(f(x_i)^{\mathrm{T}} f(x_i^+)\Big)}{\exp\Big(f(x_i)^{\mathrm{T}} f(x_i^+)\Big) + \sum\limits_{j=1}^{N-1} \exp\Big(f(x)^{\mathrm{T}} f(x_i^-)\Big)} \right] \quad\quad （1\text{-}10）$$

式中，x_i 样本中有 1 个正样本和 $N-1$ 个负样本，学习的目的是让 x_i 的特征与正样本的特征更加相似，与 $N-1$ 个负样本特征更不相似。这样可以使模型提取的抽象特征能够更加具有代表性，使算法能够更加出色地完成水下畸变目标检测任务。

1.3　特征缺失下的非合作目标识别方法

水下非合作目标图像特征不仅会发生扭曲畸变，也会因其主动利用水下地貌进行隐藏，导致图像特征部分缺失。这种情况下，无监督表示学习无法提取完整的显著特征进行目标识别。图卷积神经网络可以学习目标的空间语义关系，通过空间语义特征可以弥补不完整的显著特征。本节提出一种特征缺失下的非合作目标识别方法。该方法通过目标的空间语义特征弥补视觉显著特征不足的问题。首先，通过训练特征提取网络，提取目标的视觉显著特征。然后，构建了一个动态的相关矩阵表示目标的空间语义关系，并通过该矩阵提取目标的空间语义特征。最后，本节融合目标的显著特征和空间语义特征，并通过交叉熵损失训练目标识别模型，有效解决了畸变和遮挡等干扰下目标识别准确率低的难题。该方法整体过程如图 1-6 所示。

1.3.1　视觉特征提取模型

本节利用无监督表示学习可以忽略图像的部分细节的优势，构建显著特征提取模型初步提取图像可区分的特征。其训练过程如图 1-7 所示。

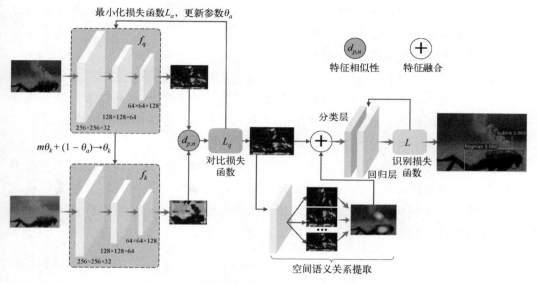

图 1-6　特征缺失下的非合作目标识别方法

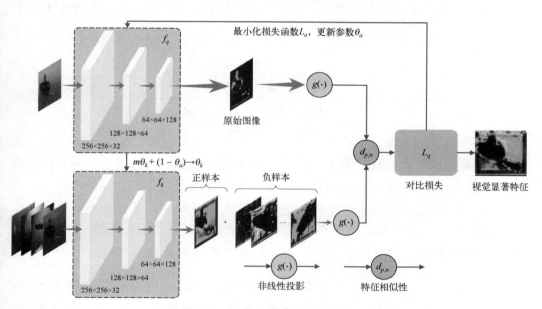

图 1-7　视觉显著特征提取模型

首先使用 ResNet 作为显著特征提取模型 $f(\cdot)$ 的基础网络结构。该网络最后一个全连接层输出 128 维的特征向量。对特征向量归一化后得到图像的表征 h，表示为 $h = f(X)$。然后，将图像的表征向量通过一个全连接层 $g(\cdot)$ 非线性投影为

向量 z。该方法可以放大不变特征，增强网络识别不同视图目标的能力，并通过最小化目标的损失函数训练编码网络 $f(\bullet)$。

然后对 N 幅原始图像进行随机增强。水下真实场景中的图像具有模糊、失真、不完整等特点，采用随机裁剪、随机颜色失真和随机高斯模糊这一组合获取原始图像的增强样本，并构建一个特征库存储训练过程中所有的增强样本。针对特征提取网络输入的图像，在特征库中存在与输入样本来自相同图像的正样本 k^+ 以及来自不同图像的负样本 k^-。

显著特征提取网络将同一图像的不同增强视图间的一致性升至最高，并将不同图像的增强视图间的一致性降至最低。该方法可以学习图像可区分性的表征，并通过设计一个损失函数使得输入图像的表示与正样本相似，与负样本不相似。图像的相似性由特征向量的余弦相似度表示，计算方法如下

$$\text{sim}\left(z_q, z_k\right) = \frac{z_q \bullet z_k}{\|z_q\|\|z_k\|} \tag{1-11}$$

式中，$z_q = g\left(h_q\right)$ 表示输入图像的表征向量的非线性投影，z_k 表示特征库中正样本或者负样本表征的非线性投影。显著特征提取模型的损失函数为

$$L_q = -\log \frac{\exp\left(\dfrac{\text{sim}\left(z_q, z_{k^+}\right)}{\tau}\right)}{\exp\left(\dfrac{\text{sim}\left(z_q, z_{k^+}\right)}{\tau}\right) + \sum_{k^-} \exp\left(\dfrac{\text{sim}\left(z_q, z_{k^-}\right)}{\tau}\right)} \tag{1-12}$$

式中，q 是输入图像的特征表示，k^+ 是正样本的特征表示，k^- 是负样本的特征表示，τ 用于放大图像表示的相似性度量。

特征库可以使负样本数量变大，提高训练效果。然而，该现象也增加了特征库编码器 f_k 的更新难度。本节通过输入样本的编码器 f_q 动态更新特征库编码器 f_k。编码器 f_q 和 f_k 的参数分别表示为 θ_q 和 θ_k。θ_k 的更新方式为

$$m\theta_k + \left(1 - \theta_q\right) \rightarrow \theta_k \tag{1-13}$$

式中，动量系数 $m \in [0,1)$。在训练过程中，θ_q 通过随机梯度下降的方式更新参数。当 θ_q 更新后，θ_k 根据上述方式更新参数。完成训练后，编码器 f_q 可以提取图像的显著特征。图像的显著特征如下

$$f = f_q(x) \tag{1-14}$$

式中，x 为输入的测试图像，f_q 为训练完成的编码器。

1.3.2　缺失特征提取

通过遍历和更新图中的节点提取节点间的空间语义特征。

构造目标的空间语义关系图 $G = \{V, E\}$。其中 V 为节点集，E 是边集；节点表示目标的类别，边表示不同目标之间的空间语义关系。假设数据集包括 C 个目标类别，节点集 V 可以表示为 $\{v_0, v_1, \cdots, v_{C-1}\}$。元素 v_c 表示类别 c。边集 E 是一个相关矩阵，可以表示不同目标之间的相关关系。

然而，静态的相关矩阵主要解释了训练数据集中的标签共同出现，每个输入图像的相关矩阵是固定的，而不能明确地利用每个输入图像的内容。基于此，针对每个具体的输入图像构建局部相关矩阵 B，并将全局相关矩阵和局部相关矩阵融合作为总体的相关矩阵。结果如下

$$A = \omega_E E + \omega_B B = \begin{Bmatrix} a_{00} & \cdots & a_{0(C-1)} \\ \vdots & & \vdots \\ a_{(C-1)0} & \cdots & a_{(C-1)(C-1)} \end{Bmatrix} \tag{1-15}$$

式中，ω_E 和 ω_B 表示权重。元素 $a_{c'c}$ 表示图像中同时存在目标 c' 和目标 c 的概率，即目标 c' 与目标 c 的相关性。该模型使用训练集的标签计算输入图像中不同类别之间的相关性。

通过空间语义关系图学习目标的空间语义关系。每个节点 v_c 在时间步骤 t 处都有一个相关关系 h_c^t。该参数表示节点与其他节点的相关程度。在本节中，每个节点对应于一个特定的目标类别，空间语义特征提取模型旨在学习目标之间的空间语义关系。在步长 $t = 0$ 时，初始化空间语义关系与特征向量，表示为 $h_c^0 = f$。框架聚合来自相邻节点的信息。

$$a_c^t = \left[\sum_{c'} (a_{cc'}) h_c^{t-1}, \sum_{c'} (a_{c'c}) h_c^{t-1} \right] \tag{1-16}$$

模型鼓励信息在高相关性的节点之间传播，通过图中的信息传递学习空间语义关系，并通过聚合特征向量 a_c^t 更新目标的空间语义关系。迭代过程如下

$$\begin{cases} z_c^t = \sigma \left(W^z a_c^t + U^z h_c^{t-1} \right) \\ r_c^t = \sigma \left(W^r a_c^t + U^r h_c^{t-1} \right) \\ \widetilde{h_c^t} = \tanh \left(W a_c^t + U \left(r_c^t \odot h_c^{t-1} \right) \right) \\ h_c^t = \left(1 - z_c^t \right) \odot h_c^{t-1} + z_c^t \odot h_c^t \end{cases} \tag{1-17}$$

式中，$\sigma(\cdot)$ 是一个对数 sigmoid 函数，$\tanh(\cdot)$ 是一个双曲正切函数，$\odot$ 表示元素之间的乘法运算符。目标节点聚合周围节点的信息，实现不同节点所对应的特征向量之间的交互。迭代过程持续 T 次，得到的空间语义关系为 $H = \{h_0^T, h_1^T, \cdots, h_{C-1}^T\}$。

1.3.3 可增强图像特征的非合作目标识别方法

在图像的视觉显著特征图上提取目标的候选区域，并融合视觉显著特征和空间语义特征完成目标识别。在显著特征图 f 上滑动窗口获取目标候选框，窗口大小为 3×3。在每个窗口同时预测多个目标候选框，每个位置的最大候选框数为 k，每个候选框映射一个低维的特征。该特征被输入到分类层（cls）和回归层（reg）。回归层输出 k 组候选框的顶点坐标，分类层输出候选框的标签和置信度。对于 $W \times H$ 的特征映射，生成 $k \times W \times H$ 个目标候选框。

用 IOU（Intersection Over Union）表示模型的预测准确度。模型给每一个目标候选框分配一个二进制标签，IOU 大于 0.7 的候选框是正标签，IOU 小于 0.3 的候选框为负标签。如果没有 IOU 大于 0.7 的候选框，则选择 IOU 最大的候选框作为正标签。另外，非正负标签及跨越图像边界的候选框对于模型的训练无任何价值，本节将其删除以节省计算时间。

将候选框视为图结构中的一个节点，并融合节点的显著特征 f_c 和空间语义特征 h_c^t 预测节点的目标类型。融合后的特征表示为

$$P_c = F_P\left(f_c, h_c^t\right) \tag{1-18}$$

式中，F_P 是一个特征融合输出函数，该函数将视觉显著特征 f_c 和空间语义特征 h_c^t 映射为特征向量 P_c。特征向量 P_c 包括目标的显著特征和空间语义信息。

模型的分类层用于对象分类，对每个候选框输出离散型概率分布。分类层输出一个 $C+1$ 维的数组 S。该数组表示对象属于 C 个类别和背景的概率。数组 S 通常由全连接层利用 SoftMax 函数计算得出。

$$S = \left(s^0, s^1, \cdots, s^C\right) \tag{1-19}$$

通过最小化损失函数训练模型。损失函数由分类损失和回归损失两部分组成，计算方式为

$$\begin{aligned}
L = &\frac{1}{N_{\text{cls}}} \sum_i \sum_{c=1}^{C} s_i^* \log\left(\sigma\left(s_i^c\right)\right) + \left(1 - s_i^*\right) \log\left(1 - \sigma\left(s_i^c\right)\right) \\
&+ \lambda \frac{1}{N_{\text{reg}}} \sum_i P_i^* R\left(T_i - T_i^*\right)
\end{aligned} \tag{1-20}$$

式中，i 表示候选框的编号，c 为目标类别，s_i^c 表示候选框 i 中目标类型的预测概

率，s_i^* 是候选框 i 的真实标签，T_i 表示目标候选框的四个顶点坐标，T_i^* 为目标真实区域的顶点坐标，R 为 smooth L1 函数，s_i^c 和 T_i 由分类层和回归层给出，N_{cls} 和 N_{reg} 表示损失函数的归一化，N_{cls} 在数值上等于训练的最小批量，N_{reg} 等于目标候选框的数量，λ 表示平衡权重，$\sigma(\cdot)$ 是 sigmoid 函数。

1.4　多尺度显著特征畸变校正的非合作目标识别方法

水下不同类型、不同距离的目标尺度差异较大。水下小目标的可用特征较少，轻微的畸变对其识别结果的影响都是巨大的。这些情况极大提高了算法的训练难度，算法的识别准确性与鲁棒性较差。因此，算法需要对畸变的水下图像进行矫正。传统的图像矫正方法多采用变焦距位置修正和几何正形投影的方法来实现。这些方法需要相机成像和物体几何建模。然而，水下目标和环境建模较为困难，现有算法无法准确矫正水下畸变图像。

针对以上难题，本节提出多尺度显著特征畸变校正的非合作目标识别方法。首先，利用 DenseNet 主干网络构建显著特征金字塔网络，提取多尺度的显著性特征。其次，对畸变图像特征进行对比矫正，恢复出规整的清晰图像。最后，利用提取的多尺度显著性特征对图像中的水下小目标进行精准的识别。本节方法具体过程如图 1-8 所示。

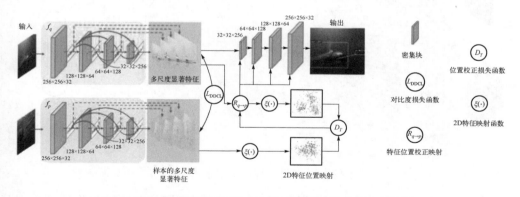

图 1-8　多尺度显著特征校正的水下微小畸变目标识别过程

1.4.1　显著特征金字塔网络

受水下多变环境影响，图像中特征区分度低的小目标的特征数据较少，对易被算法忽略的小目标识别难度较大。本节通过构建显著特征金字塔网络模型学习图像低维特征比较方法，对低分辨率多尺度目标图像进行显著特征提取。

　　首先本节方法将原始样本图像通过扭曲变形等方式进行数据增强，并构建增强数据库存储数据增强过后的样本图像。本节将同类型图像的原始图像和不同增强视图作为正样本 x_i，将不同类型图像及其增强视图作为负样本 x_j^-。本节方法目标是从一系列样本图像 $X = \{x_1, x_2, \cdots, x_n\}$ 中训练显著特征金字塔网络 $f_\tau(\bullet)$。训练后的 $f_\tau(\bullet)$ 能够提取图像多尺度显著性特征。$f_\tau(\bullet)$ 将输入图像 x_i 映射为低维显著特征 $f_\tau(x_i) \in \mathbf{R}^d$，$d$ 是特征维度。

　　显著特征金字塔网络 $f_\tau(\bullet)$ 的主干结构采用由 4 个 Dense 块组成的 DenseNet 网络框架。DenseNet 增强了梯度的反向传播，可以更好地利用特征信息。并且提高层间信息的透射率，更利于畸变图像的修复与小目标识别。整个主干网络包含两个编码器分支机构 f_q 和 f_p，应用同样的 Dense 块结构。输入端为 256×256 像素大小图像。每个 Dense 块之间的过滤层采用 1 层 1×1 卷积层连接和 2×2 的平均池化做下采样。下采样得到的特征作为下一个 Dense 块的输入，以此得到多尺度显著特征表征。显著特征金字塔模型整体过程如图 1-9 所示。

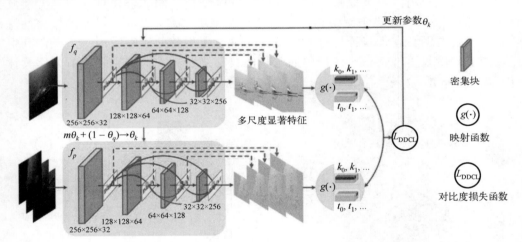

图 1-9　显著特征金字塔模型

　　每个 Dense 块提取的特征表示为 $H_x = f_x(i)$。用不同的 Dense 块提取图像多尺度显著特征 $H = \{h_0, h_1, h_2, h_3\}$。在所有 Dense 块之后连接一个映射模块 $g(\bullet)$，将图像的多尺度显著特征映射到特征空间进行对比训练。映射模块 $g(\bullet)$ 由两个平行的子模块组成，分别是全局映射模块和局部密集映射模块。全局映射模块通过将全局特征向量 H 投影到应用对比损失的特征空间。定义编码键组 $\{k_0, k_1, \cdots\}$，每个键值对应于密集映射特征得到全局映射特征向量 $Z = \{z_0, z_1, z_2, z_3\}$。局部密集映射模块接受与全局映射模块相同的输入。定义编码键组 $\{t_0, t_1, \cdots\}$，每个键值对应于密集映射特征生成特征向量 $S = \{s_0, s_1, s_2, s_3\}$。

本节通过多尺度显著特征对比损失函数训练显著特征金字塔网络模型 $f_\tau(\bullet)$ 和映射模型 $g(\bullet)$。模型的多尺度显著特征对比损失函数如下

$$
\begin{aligned}
L_{\text{DDCL}} = {} & \beta \sum_{i=0}^{3} \omega_i \cdot \left[-\log \frac{\exp\left(\operatorname{sim}\left(z_q^i, z_{k^+}^i\right)/\tau\right)}{\exp\left(\operatorname{sim}\left(z_q^i, z_{k^+}^i\right)\right) + \sum_{k^-} \exp\left(\operatorname{sim}\left(z_q^i, z_{k^-}^i\right)/\tau\right)} \right] \\
& + \lambda \sum_{i=0}^{3} \omega_i \cdot \left[-\log \frac{\exp\left(\arg\max \operatorname{sim}\left(s_q^i, s_{t^+}^i\right)/\tau\right)}{\exp\left(\operatorname{sim}\left(s_q^i, s_{t^+}^i\right)\right) + \sum_{t^-} \exp\left(\operatorname{sim}\left(s_q^i, s_{t^-}^i\right)/\tau\right)} \right]
\end{aligned} \tag{1-21}
$$

式中，$\beta, \lambda \in (0,1)$ 为训练超参数。ω_i 表示不同尺度显著特征的权重。$\operatorname{sim}(\bullet)$ 为来自图像两个视图的全局特征向量之间对应的余弦相似度关系。$\arg\max \operatorname{sim}(\bullet)$ 为密度特征向量之间对应的余弦相似度关系。k^+ 和 t^+ 分别为正样本全局和局部密度键值，k^- 和 t^- 为负样本全局和局部密度键值。z_q 和 z_k 分别表示全局多尺度显著性特征空间的非线性投影，对应图像的密集映射特征向量。τ 用于放大图像表示的相似性度量。

当完成多尺度显著特征提取模型训练后，去掉映射模型 $g(\bullet)$，使用显著特征提取网络模型 $f_\tau(\bullet)$ 和多尺度显著特征表示 H，进而完成后续的目标识别任务。编码器 f_q 可以提取图像的多尺度显著特征。图像的多尺度显著特征表示为

$$
F = \left\{ f_{q0}(x), f_{q1}(x), f_{q2}(x), f_{q3}(x) \right\} \tag{1-22}
$$

式中，x 为输入的测试图像，$f_{qi}(x)$ 为训练完成的编码器 f_q 输出的多尺度显著特征。在特征提取过程中同时存储特征之间相对位置关系。

1.4.2　畸变图像对比矫正

在对目标识别前需要对畸变图像进行修复，尽量降低图像目标特征信息受图像畸变的干扰的影响。本节提出一种显著特征对比矫正的方法，该方法依据输入图像特征与同类型清晰图像特征的相对位置信息修正图像相似特征位置。之后再通过特征解码实现图像的畸变修复。构建扭曲修正模型对畸变图像进行多尺度特征调整，计算过程可以表示为

$$
R_{q \to p} = \left[\!\left[f_q^i, f_p^j \right]\!\right], \quad f_q^i, f_p^j \in \mathbf{R}^d \tag{1-23}
$$

式中，f_q^i 为输入畸变图像多尺度显著特征向量，f_q^j 为样本库中对比映射距离相近的规整图像特征向量，$\llbracket \cdot \rrbracket$ 表示畸变图像特征修正计算。

为方便验证畸变特征矫正效果，通过特征映射函数 $\xi(\bullet)$ 对输入图像的每个特征在二维特征平面内重新编码。设多尺度显著特征的相对位置距离关系为 D_T。图像多尺度显著特征平面内距离差异计算可以表示为

$$D_T\left(f_q^i, f_p^j\right) = \sum_i \left(\xi_S\left(\llbracket f_q^i, f_p^j \rrbracket\right)\log\left(\xi_S\left(f_p^j\right)\right) + \left(1 - \xi_S\left(\llbracket f_q^i, f_p^j \rrbracket\right)\right)\log\left(1 - \xi_S\left(f_p^j\right)\right)\right) \quad (1\text{-}24)$$

式中，$D_T\left(f_q^i, f_p^j\right)$ 表示在特征映射平面内 f_p^i 相对于 f_p^i 的位置误差。通过缩小输入图像与样本库相同清晰图像在特征空间中的相对位置，实现水下畸变图像自主修复。为提高特征修正准确率，可以通过降低误差的方式寻找最优畸变图像特征修正函数 $R_{q \to p}^*(\bullet)$，计算方式如下

$$R_{q \to p}^*\left(f_q^i, f_p^j\right) = \arg\min_{f_q^i}\left(D_T\left(f_q^i, f_p^j\right)\right) \quad (1\text{-}25)$$

当通过最佳修正函数得到修正后的多尺度特征 $F_{q \to p}$ 后，通过特征解码恢复出完整的修正后的规整目标图像，图像矫正总体过程如图 1-10 所示。

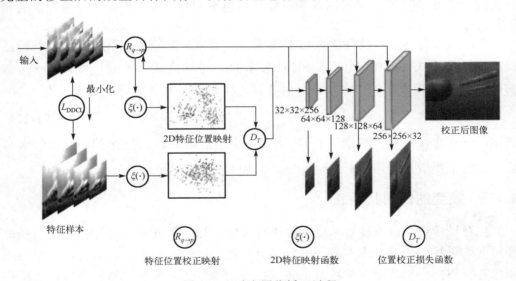

图 1-10　畸变图像矫正过程

1.4.3　水下微小畸变目标识别网络

本节方法采用 K-means 生成 Anchor Boxes。通过 K-means 进行维度聚类，使

Anchor Boxes 和相邻真实标签具有较大的 IOU 值。在检测目标时，本节方法根据预测框来获取边界框。

由于可能存在多个边界框对应于一个目标，本节方法的最后一步对边界框进行非最大抑制（Non-Maximum Suppression，NMS），其目的是消除不必要的框。在进行训练网络时，通过损失函数测量目标检测的预测值与真实值之间的误差。损失函数定义为

$$\text{Loss} = \lambda_c \frac{1}{N_{\text{co}}} \sum_i L_{\text{co}}\left(t_i, t_i^*\right) + \lambda_n \frac{1}{N_{\text{iou}}} \sum_i L_{\text{iou}}\left(c_i, c_i^*\right) + \frac{1}{N_{\text{cls}}} \sum_i L_{\text{cls}}\left(p_i, p_i^*\right) \quad (1\text{-}26)$$

式中，L_{co} 为坐标预测损失，t_i 和 t_i^* 分别表示预测时标记的框和真实标记的框的位置坐标信息。L_{iou} 为 IOU 误差损失。c_i 和 c_i^* 分别指真实置信度和预测置信度。L_{cls} 为分类损失。p_i 是对象的预测概率，p_i^* 是真实标签。N_{co}、N_{iou}、N_{cls} 为归一化参数。L_{co} 和 L_{iou} 分别通过参数 λ_c 和 λ_n 进行加权。本节模型中设置 $\lambda_c = 10$，$\lambda_n = 0.5$。

1.5　实验验证与结果分析

1.5.1　特征畸变下的非合作目标识别方法

1.5.1.1　实验设置

以下仿真实验中，训练和测试均在 GPU 为 RTX3090、内存为 64G 的小型服务器上进行；仿真环境为 Windows 10 系统下的 TensorFlow。所有训练和测试数据均来自认知自主潜水伙伴（Cognitive Autonomous Diving Buddy, CADDY）水下数据集、水下图像增强基准（Underwater Image Enhancement Benchmark, UIEB）数据集和水下目标数据集（Underwater Target dataset, UTD）。

1.5.1.2　实验仿真与结果分析

针对水下特征畸变目标的探测与识别，本节设计了三组仿真实验验证所提方法的有效性。

（1）常规水下图像识别。

该仿真实验是为了验证与评估所提方法对常规水下目标图像识别性能，并与文献[62]~文献[65]所提方法进行对比。其识别结果如图 1-11 所示，识别精度和速度如表 1-1 所示。

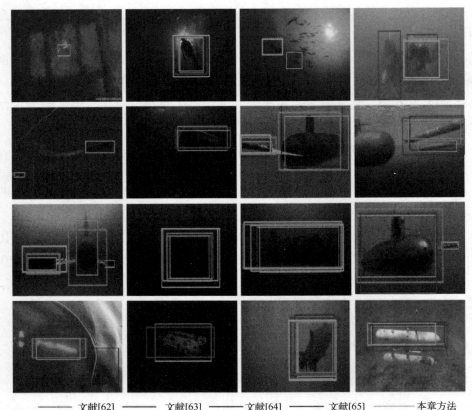

———— 文献[62]　———— 文献[63]　———— 文献[64]　———— 文献[65]　———— 本章方法

图 1-11　　常规水下图像识别结果（见彩图）

表 1-1　常规水下目标图像识别速度和精度

方法	鱼雷	潜艇	蛙人	AUV	mAP	时间/s
文献[62]	0.5676	0.9183	0.7486	0.8517	0.7715	0.401
文献[63]	0.4288	0.9388	0.7305	**0.9348**	0.7582	0.227
文献[64]	0.4956	0.8489	0.7357	0.9254	0.7514	0.242
文献[65]	0.5867	0.7320	**0.7721**	0.9297	0.7551	**0.089**
本章方法	**0.6014**	**0.9484**	0.7521	0.8740	0.7939	0.216

　　从表 1-1 可以看出，本章所提出的方法平均识别精度为 0.7939，高于其余对比方法。在单类识别精度方面，本章所提出的方法对鱼雷和潜艇目标的识别精度最高，分别为 0.6014 和 0.9484。文献[63]方法对 AUV 目标的识别精度为 0.9348，比本章方法高 6.08%，但其平均识别精度和时间都低于本章方法。文献[65]方法

的蛙人目标识别精度和时间高于本章方法，但平均识别精度比本章方法低 3.88%。与文献[65]方法相比，本章所提出的方法具有较好的平均识别速度和精度。

（2）水下扭曲图像检测。

本节评估所提方法在扭曲水下图像中的性能，并与文献[62]~文献[65]进行对比。其检测结果如图 1-12 所示，检测精度和检测速度如表 1-2 所示。

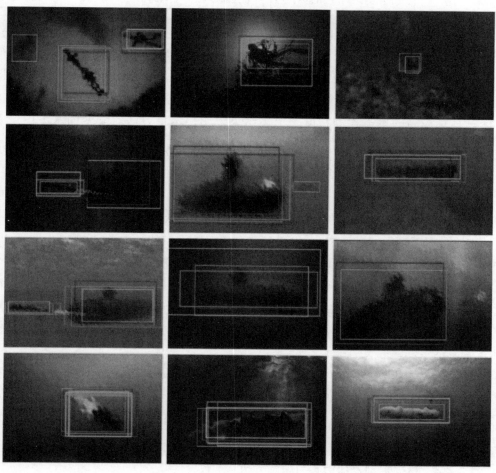

———— 文献[62]　———— 文献[63]　———— 文献[64]　———— 文献[65]　———— 本章方法

图 1-12　水下扭曲图像检测结果（见彩图）

表 1-2　水下扭曲图像的检测精度和速度

方法	鱼雷	潜艇	蛙人	AUV	mAP	时间/s
文献[62]	0.5389	0.7854	0.7317	0.7971	0.7132	0.415

续表

方法	鱼雷	潜艇	蛙人	AUV	mAP	时间/s
文献[63]	0.5136	**0.9012**	0.6944	0.9135	0.7557	0.235
文献[64]	0.5255	0.8285	0.7221	0.9362	0.7531	0.263
文献[65]	0.5478	0.7532	**0.7379**	0.8222	0.7152	**0.101**
本章方法	**0.5765**	0.8987	0.7224	**0.9404**	**0.7845**	0.256

从表 1-2 可以看出，文献[63]方法在潜艇类别中的检测精度略高于本章方法，但其平均精度比本章方法低了 2.88%。文献[65]方法的检测速度最快为 0.101s，但该方法的检测精度仅为 0.7152，比本章方法低 6.93%。本章方法检测水下扭曲图像的精度为 0.7845，高于其余对比方法。并且，本章方法在检测扭曲的鱼雷和 AUV 目标时具有最高的单类检测精度。上述结果表明，本章方法对畸变的水下图像重建可以提高方法的检测精度。

1.5.2 特征缺失下的非合作目标识别方法

1.5.2.1 实验设置

在本实验中，在 TensorFlow 中进行训练和测试。模拟计算在小型服务器（RTX 2080Ti GPU、64G RAM 和 Windows 10 64 位操作系统）上运行。

本节使用 CADDY 数据集、UIEB 数据集和 UTD 数据集进行训练和测试。视觉显著性特征提取模型由 13000 幅未标记图像训练而成。利用 426 幅标记图像对空间语义特征提取模型和目标识别网络进行训练和测试。数据集按 6.5∶3.5 的比例分为训练集和测试集。

该模型由随机梯度下降（Stochastic Gradient Descent，SGD）优化器训练，权重衰减为 0.0005，动量为 0.9。训练批次为 256，初始学习率为 0.01。整个训练过程进行了 70000 次迭代，其中学习率在 56000 次和 63000 次迭代中衰减，衰减率为 0.1。

1.5.2.2 目标识别方法仿真与结果分析

对于不同干扰的水下图像，本节设计三组仿真实验验证所提方法的有效性。

（1）常规水下图像识别仿真。

本节评估所提方法在常规水下图像中的识别性能，并与 SiamFPN[66]、SA-FPN[67]、FFBNet[68]和 Faster R-CNN[69]进行对比。其识别结果如图 1-13 所示，识别精度和识别速度如表 1-3 所示。

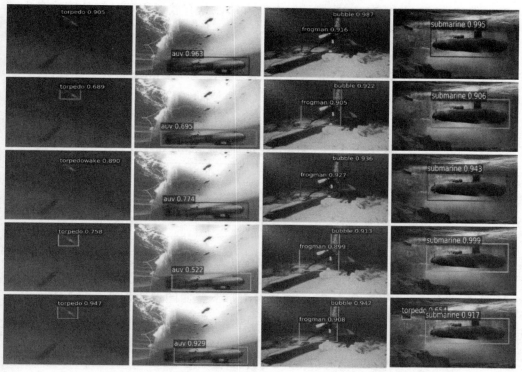

—— FFBNet —— SiamFPN —— SA-FPN —— Faster R-CNN —— 本章方法

图 1-13 常规水下图像目标识别结果可视化（见彩图）

表 1-3 各方法对常规水下图像的识别精度和识别时间

方法	鱼雷	尾迹	潜艇	蛙人	气泡	AUV	mAP	时间/s
FFBNet	0.5397	0.5584	0.8019	0.7775	0.6423	0.9591	0.7132	**0.090**
SiamFPN	0.5855	0.5795	0.8638	0.7444	**0.7012**	**0.9681**	0.7404	0.227
SA-FPN	0.5858	0.7172	0.8733	0.7207	0.6175	0.8312	0.7243	0.240
Faster R-CNN	0.6685	**0.7554**	0.7777	**0.778**	0.6815	0.8182	**0.7466**	0.397
本章方法	**0.6851**	0.5682	**0.888**	0.7513	0.6362	0.9478	0.7461	0.215

从表 1-3 可以看出，FFBNet 识别一幅水下图像需要 0.09s，在所有的对比方法中具有最快的识别速度。然而，该方法的识别精度仅有 0.7132。Faster R-CNN 的识别精度和时间分别为 0.7466 和 0.397s。相反，Faster R-CNN 具有最高的识别精度和最低的识别速度，分别为 0.7466 和 0.397s。SiamFPN 和 SA-FPN 在牺牲部分精度的情况下大幅降低了识别时间。该方法可以较好地平衡识别速度和精度。在常规水下图像的识别中，本章方法的综合性能优于 FFBNet 和 Faster R-CNN。

同时，与 SiamFPN 和 SA-FPN 相比，本章方法在具有较低识别时间的同时具有更高的识别精度。

（2）水下扭曲图像识别仿真。

评估所提方法识别水下扭曲图像的性能，与 SiamFPN[66]、SA-FPN[67]、FFBNet[68]和 Faster R-CNN[69]进行对比。各方法的识别精度和识别速度如表 1-4 所示。

表 1-4 各方法识别水下扭曲图像的精度和时间

方法	鱼雷	尾迹	潜艇	蛙人	气泡	AUV	mAP	时间/s
FFBNet	0.465	0.4876	0.7224	0.7222	0.6369	0.8012	0.6392	**0.100**
SiamFPN	0.4909	**0.5808**	0.6815	0.7291	**0.6618**	0.8468	**0.6652**	0.225
SA-FPN	0.4899	0.5462	**0.7734**	0.6734	0.6197	0.833	0.6559	0.239
Faster R-CNN	0.5008	0.5111	0.749	0.6383	0.652	**0.878**	0.6549	0.404
本章方法	**0.5296**	0.4873	0.6597	**0.7379**	0.6517	0.8156	0.6470	0.214

从表 1-4 可以看出，SiamFPN 方法对于水下扭曲图像的识别效果最好。该方法的识别精度为 0.6652，识别速度为 0.225s。与 SiamFPN 相比，本章方法的平均识别精度比 SiamFPN 低 1.82%。然而，本章方法具有更快的识别速度。识别结果如图 1-14 所示。

1.5.3 多尺度显著特征畸变校正的非合作目标识别方法

本章方法的训练和测试均在一台 GPU 为 RTX 3090、内存为 64G 的小型服务器上完成，模型方法仿真都通过 Windows10 操作系统下的 Pytorch 平台进行。

1.5.3.1 实验设置

（1）数据集介绍。

本章方法实验所用数据集来自 CADDY、UIEB 和 UTD 部分类别图像，并通过数据增强等手段进行扩充。数据集包括 1200 幅无标签图片，用来训练多尺度显著特征提取模型。通过 1150 幅带标签图片训练和测试目标识别方法效果。数据集按照 7∶3 的比例划分训练集和测试集。

（2）实验参数。

模型训练方面采用随机梯度下降（SGD）优化器来训练识别方法模型。整个训练过程迭代 70000 次，初始学习率为 0.01，动量为 0.8。训练过程中，学习率在 50000 次和 43000 次迭代中衰减，衰减率为 0.1，权重衰减为 0.0005。

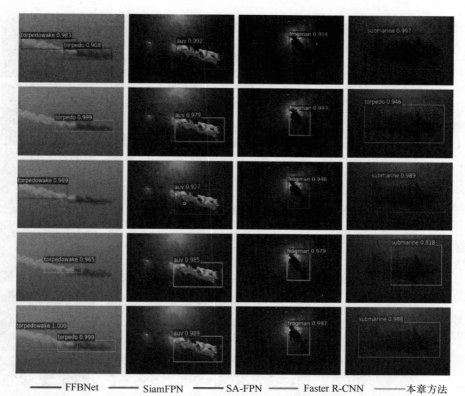

FFBNet　　　SiamFPN　　　SA-FPN　　　Faster R-CNN　　　本章方法

图 1-14　水下扭曲图像识别结果可视化（见彩图）

1.5.3.2　实验结果与分析

本节设置两组实验，验证方法在畸变图像校正和小目标识别方面的有效性和准确度。通过与文献 [18,19,22,23] 中方法进行目标识别的结果对比，验证本章方法的优越性。

首先，在仿真过程中对图像畸变矫正过程进行验证，具体如图 1-15 所示。

在畸变图像重建过程中，需要保留生成图像的显著特征信息。为了降低图像畸变对目标检测的影响，对原始图像进行矫正重建时仅生成了灰度图像。图像前两层对图像位置进行了逐步调整。在第 3 层卷积重建结果中，出现了大致轮廓信息，矫正结果不太理想。在之后的一层到输出层，整体图像校正效果较为稳定，只做了微小的调整。从输入图像到输出图像的对比可以看出，本章方法对水下畸变图像的扭曲特征进行位置修正是有效的。通过图像扭曲校正，本章方法降低了环境因素对水下小目标识别的影响。

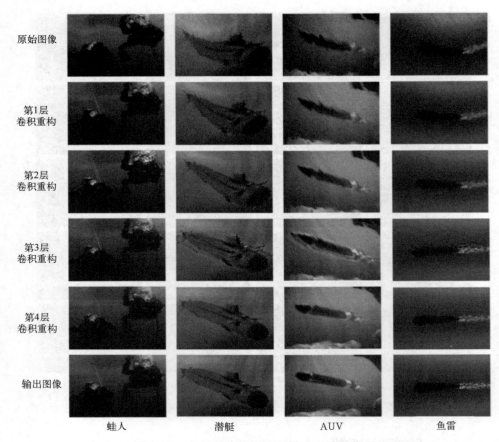

图 1-15　本章方法图像畸变矫正重建仿真图

此外，为验证本章方法的识别能力，对输入的扭曲图像进行识别。识别结果与上述对比文献中的方法进行比较，具体识别结果如图 1-16 所示。虽然各对比方法相对于未畸变的常规图像的识别准确度有所降低，但各方法所显示的检测置信度都相对稳定。对比方法在畸变图像目标识别的过程中，有目标类别误判的情况出现。本章方法则在畸变矫正过的灰度图像上识别，目标类别置信度相对较高且稳定。

方法对比仿真的具体数据如表 1-5 所示。其中，本章方法在多个类别如潜艇、蛙人和 AUV 三个类别中的识别准确度最高，分别为 0.8051、0.7537 和 0.9031。本章方法在速度和准确度方面较为均衡，去掉图像校正模块的消融实验的识别结果与对比方法在识别精度和速度上也都各有优劣。相比于其他对比文献识别方法，本章方法在速度和精确度方面都有不错的优势。

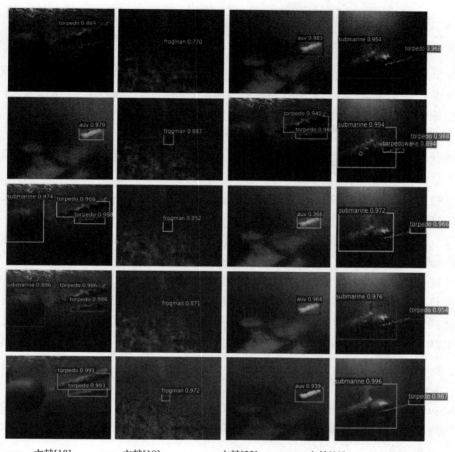

—— 文献[18]　　　—— 文献[19]　　　—— 文献[22]　　　—— 文献[23]　　　—— 本章方法

图 1-16　水下畸变微小目标图像识别结果

表 1-5　水下畸变图像识别结果

方法	鱼雷	潜艇	蛙人	AUV	mAP	FPS
文献[18]	0.4017	0.7372	0.6953	0.8216	0.6640	22.3
文献[19]	**0.4737**	0.7559	0.7127	0.8676	0.7025	**48.1**
文献[22]	0.4557	0.7854	0.7317	0.8792	0.7105	42.5
文献[23]	0.4332	0.7509	0.6872	0.8354	0.6766	28.4
本章方法-1	0.4549	0.7712	0.7253	0.8642	0.7039	38.2
本章方法	0.4713	**0.8051**	**0.7537**	**0.9031**	**0.7333**	31.5

注：本章方法-1 显示了消融实验中未经图像校正的识别结果，本章方法给出了多尺度显著特征与图像校正相结合的识别结果。

1.6　本章小结

本章针对水下非合作目标发生不确定性畸变导致算法检测和识别精度低，以及畸变非合作目标识别难度大的问题，提出一种特征畸变与缺失下的非合作目标探测与识别方法，研究的主要内容如下：

（1）特征畸变下的非合作目标识别方法。本章改进深度残差神经网络，通过引入跳跃连接的方式有效降低梯度消失问题，同时引入不同膨胀率的扩张模块，降低了算法的参数训练量；结合二元交叉熵损失对目标关键特征信息进行提取，并利用特征的相对距离关系对光线折射造成的图像扭曲进行修正，从而增加目标识别与定位的准确性。

（2）特征缺失下的非合作目标识别方法。将原始样本数据分别与正样本和负样本在特征空间对比，通过最小化损失函数训练特征提取网络，提取目标的视觉显著特征；在静态相关矩阵上增加当前图像的标签信息，构建一个动态的相关矩阵表示目标的空间语义关系，该矩阵可以提取动态的空间语义特征，弥补目标畸变和遮挡造成的显著特征不足的问题；融合目标的显著特征和空间语义特征，通过交叉熵损失训练目标识别模型，解决目标畸变和遮挡导致的识别准确率低的问题。

（3）多尺度显著特征畸变校正的非合作目标识别方法。利用 DenseNet 主干网络构建显著特征金字塔网络，提取多尺度的显著性特征。对畸变图像特征位置进行对比矫正，恢复出清晰的目标灰度图像。利用提取的多尺度显著性特征对图像中的水下小目标进行精准的识别。

参 考 文 献

[1] 强伟, 贺昱曜, 郭玉锦, 等. 基于改进 SSD 的水下目标检测算法研究. 西北工业大学学报, 2020, 38(4): 747-754.

[2] 张悦. 面向海产品的水下图像处理及目标检测研究. 济南: 山东大学, 2021.

[3] 赵晓飞, 于双和, 李清波, 等. 基于注意力机制的水下目标检测算法. 扬州大学学报(自然科学版), 2021, 24(1): 62-67.

[4] 张倩, 张友梅, 李晓磊, 等. 基于自监督表征学习的海面目标检测方法. 水下无人系统学报, 2020, 28(6): 597-603.

[5] 慕晓冬, 白坤, 尤轩昂, 等. 基于对比学习方法的遥感影像特征提取与分类. 光学精密工程, 2021, 29(9): 2222-2234.

[6] 敖珺, 吴桐, 马春波. 一种基于深度学习的水下扭曲图像复原方法. 计算机仿真, 2020, 37(8): 214-218.

[7] 方志文. 基于共生关系学习的多标签航拍图像分类. 南京: 南京信息工程大学, 2021.

[8] Chen Z, Cui Q, Wei X S, et al. Disentangling, embedding and ranking label cues for multi-label image recognition. IEEE Transactions on Multimedia, 2021, 23: 1827-1840.

[9] Ye J, He J, Peng X, et al. Attention-driven dynamic graph convolutional network for multi-label image recognition//The 16th European Conference on Computer Vision (ECCV), Glasgow, 2020: 649-665.

[10] 薛丽霞, 江迪, 汪荣贵, 等. 融合注意力机制和语义关联性的多标签图像分类. 光电工程, 2019, 46(9): 22-30.

[11] Li C, Anwar S, Hou J, et al. Underwater image enhancement via medium transmission-guided multi-color space embedding. IEEE Transactions on Image Processing, 2021, 30(1): 4985-5000.

[12] Jiang Q, Zhang Y, Bao F, et al. Two-step domain adaptation for underwater image enhancement. Pattern Recognition, 2021, 122(208): 1-38.

[13] Ye X, Li Z, Sun B, et al. Deep joint depth estimation and color correction from monocular underwater images based on unsupervised adaptation networks. IEEE Transactions on Circuits and Systems for Video Technology, 2020, 30(11): 3995-4008.

[14] Zhang H, Sun L, Wu L, et al. DuGAN: an effective framework for underwater image enhancement. IET Image Processing, 2021, 15(9): 2010-2019.

[15] Li H, Zhuang P. DewaterNet: a fusion adversarial real underwater image enhancement network. Signal Processing Image Communication, 2021, 95(2): 1-10.

[16] Lin Y, Shen L, Wang Z, et al. Attenuation coefficient guided two-stage network for underwater image restoration. IEEE Signal Processing Letters, 2021, 28(1): 199-203.

[17] Zhang W, Dong L, Zhang T, et al. Enhancing underwater image via color correction and Bi-interval contrast enhancement. Signal Processing Image Communication, 2021, 90(1): 1-13.

[18] Fu X, Cao X. Underwater image enhancement with global-local networks and compressed-histogram equalization. Signal Processing: Image Communication, 2020, 86(1): 1-15.

[19] Guo Y, Li H, Zhuang P. Underwater image enhancement using a multiscale dense generative adversarial network. IEEE Journal of Oceanic Engineering, 2019, 45(3): 862-870.

[20] Sun Q, Liu X, Bourennane S, et al. Multiscale denoising autoencoder for improvement of target detection. International Journal of Remote Sensing, 2021, 42(8): 3002-3016.

[21] Shi T, Liu M, Niu Y, et al. Underwater targets detection and classification in complex scenes based on an improved YOLOv3 algorithm. Journal of Electronic Imaging, 2020, 29(4): 1-12.

[22] Wei X, Yu L, Tian S, et al. Underwater target detection with an attention mechanism and improved scale. Multimedia Tools and Applications, 2021, 80(25): 33747-33761.

[23] Zeng L, Sun B, Zhu D. Underwater target detection based on Faster R-CNN and adversarial occlusion network. Engineering Applications of Artificial Intelligence, 2021, 100(4): 1-9.

[24] Abu A, Diamant R. A statistically-based method for the detection of underwater objects in sonar imagery. IEEE Sensors Journal, 2019, 19(16): 6858-6871.

[25] Rajasekar M, Kavida A, Bennet M. A pattern analysis based underwater video segmentation system for target object detection. Multidimensional Systems and Signal Processing, 2020, 31(4): 1579-1602.

[26] Rout D K, Subudhi B N, Veerakumar T, et al. Spatio-contextual gaussian mixture model for local change detection in underwater video. Expert Systems with Applications, 2018, 97(1): 117-136.

[27] Pan T S, Huang H C, Lee J C, et al. Multi-scale ResNet for real-time underwater object detection. Signal Image and Video Processing, 2021, 15(5): 941-949.

[28] Fan Z, Xia W, Liu X, et al. Detection and segmentation of underwater objects from forward-looking sonar based on a modified mask RCNN. Signal Image and Video Processing, 2021, 15(6): 1135-1143.

[29] Wang X, Peng D, Hu P, et al. Adversarial correlated autoencoder for unsupervised multi-view representation learning. Knowledge-Based Systems, 2019, 168(1): 109-120.

[30] Han L, Wu F, Jing X Y. Semi-supervised multi-view manifold discriminant intact space learning. KSII Transactions on Internet and Information Systems, 2018, 12(9): 4317-4335.

[31] Le-Khac P H, Healy G, Smeaton A F. Contrastive representation learning: a framework and review. IEEE Access, 2020, 8: 193907-193934.

[32] Chen H, Liu Y, Zhou Z, et al. A2C: attention-augmented contrastive learning for state representation extraction. Applied Sciences, 2020, 10(17): 5902-5920.

[33] Li E, Du P, Samat A, et al. Mid-level feature representation via sparse autoencoder for remotely sensed scene classification. IEEE Journal of Selected Topics in Applied Earth Observations and Remote Sensing, 2017, 10(3): 1068-1081.

[34] Lee T, Yoo S. Augmenting few-shot learning with supervised contrastive learning. IEEE Access, 2021, 9: 61466-61474.

[35] Cao Z, Li X, Feng Y, et al. ContrastNet: unsupervised feature learning by autoencoder and prototypical contrastive learning for hyperspectral imagery classification. Neurocomputing, 2021, 460(1): 71-83.

[36] Su S, Ge H, Tong Y. Multi-graph embedding discriminative correlation feature learning for image recognition. Signal Processing Image Communication, 2018, 60(1): 173-182.

[37] Ma W, Gong C F, Xu S B, et al. Multi-scale spatial context-based semantic edge detection. Information Fusion, 2020, 64(1): 238-251.

[38] Yang H, Zhou J T, Cai J. Improving multi-label learning with missing labels by structured semantic correlations//The 14th European Conference on Computer Vision (ECCV), Amsterdam, 2016, 835-851.

[39] Zhao B, Hua L, Li X, et al. Weather recognition via classification labels and weather-cue maps. Pattern Recognition, 2019, 95(1): 272-284.

[40] Khan N, Chaudhuri U, Banerjee B, et al. Graph convolutional network for multi-label VHR remote sensing scene recognition. Neurocomputing, 2019, 357(10): 36-46.

[41] Nauata N, Hu H, Zhou G T, et al. Structured label inference for visual understanding. IEEE Transactions on Pattern Analysis and Machine Intelligence, 2020, 42(5): 1257-1271.

[42] Chen X, Gupta A. Spatial memory for context reasoning in object detection//2017 IEEE International Conference on Computer Vision (ICCV), Venice, 2017: 4106-4116.

[43] Yan Z, Liu W, Wen S, et al. Multi-label image classification by feature attention network. IEEE Access, 2019, 7: 98005-98013.

[44] Li Q, Peng X, Qiao Y, et al. Learning label correlations for multi-label image recognition with graph networks. Pattern Recognition Letters, 2020, 138: 378-384.

[45] Yun D, Ryu J, Lim J. Dual aggregated feature pyramid network for multi label classification. Pattern Recognition Letters, 2021, 144(12): 75-81.

[46] Zhi C. Mmnet: a multi-method network for multi-label classification//The 5th International Conference on Smart Grid and Electrical Automation (ICSGEA), Zhangjiajie, 2020: 441-445.

[47] Wang S, Chen S, Chen T, et al. Learning with privileged information for multi-label classification. Pattern Recognition the Journal of the Pattern Recognition Society, 2018, 81: 60-70.

[48] Gao B B, Zhou H Y. Learning to discover multi-class attentional regions for multi-label image Recognition. IEEE Transactions on Image Processing, 2021, 30: 5920-5932.

[49] Cai L, Sun Q, Xu T, et al. Multi-AUV collaborative target recognition based on transfer-reinforcement learning. IEEE Access, 2020, 8(1): 39273-39284.

[50] Zhang X, Chen Y, Zhu B, et al. Semantic-spatial fusion network for human parsing. Neurocomputing, 2020, 402(1): 375-383.

[51] Moniruzzaman M, Islam S M S, Lavery P, et al. Faster R-CNN based deep learning for seagrass detection from underwater digital images//2019 Digital Image Computing:

Techniques and Applications (DICTA), Perth, 2019: 41-47.

[52] Wang D H, Li J, Zhu S. Few-labeled visual recognition for self-driving using multi-view visual-semantic representation. Neurocomputing, 2020, 428(1): 361-367.

[53] Cai L, Tang S, Yin J, et al. An out space accelerating algorithm for generalized affine multiplicative programs problem. Journal of Control Science and Engineering, 2017, 2017: 1-7.

[54] Sun Q, Cai L. Multi-AUV target recognition method based on GAN-meta learning//The 5th International Conference on Advanced Robotics and Mechatronics (ICARM), Shenzhen, 2020: 374-379.

[55] Chen X, Li L J, Li F F, et al. Iterative visual reasoning beyond convolutions//The 2018 IEEE/CVF Conference on Computer Vision and Pattern Recognition, Salt Lake City, 2018: 7239-7248.

[56] Cai L, Luo P, Zhou G, et al. Maneuvering target recognition method based on multi-perspective light field reconstruction. International Journal of Distributed Sensor Networks, 2019, 15(8): 1-12.

[57] Cai L, Luo P, Zhou G, et al. Multiperspective light field reconstruction method via transfer reinforcement learning. Computational Intelligence and Neuroence, 2020, (3): 1-14.

[58] Cai L, Luo P, Zhou G. Multistage analysis of abnormal human behavior in complex scenes. Journal of Sensors, 2019, 10:1-10.

[59] Luo P, Cai L, Zhou G, et al. Multiagent light field reconstruction and maneuvering target recognition via GAN. Mathematical Problems in Engineering, 2019, (10): 1-10.

[60] Zhang X, Chen Z, Wu Q M J, et al. Fast semantic segmentation for scene perception. IEEE Transactions on Industrial Informatics, 2019, 15(2): 1183-1192.

[61] He K, Zhang X, Ren S, et al. Delving deep into rectifiers: surpassing human-level performance on imagenet classification// 2015 IEEE International Conference on Computer Vision (ICCV), Santiago, 2015, 1026-1034.

[62] Han F, Yao J, Zhu H, et al. Underwater image processing and object detection based on deep CNN method. Journal of Sensors, 2020, (9): 1-20.

[63] Zhang J, Sun J, Wang J, et al. Visual object tracking based on residual network and cascaded correlation filters. Journal of Ambient Intelligence and Humanized Computing, 2021, 12(8): 8427-8440.

[64] Son H, Choi H, Seong H, et al. Detection of construction workers under varying poses and changing background in image sequences via very deep residual networks. Automation in Construction, 2019, 99(1): 27-38.

[65] Hu X, Li H, Li X, et al. MobileNet-SSD MicroScope using adaptive error correction algorithm: real-time detection of license plates on mobile devices. IET Intelligent Transport Systems, 2020, 14(2): 110-118.

[66] Shan Y, Zhou X, Liu S, et al. SiamFPN: a deep learning method for accurate and real-time maritime ship tracking. IEEE Transactions on Circuits and Systems for Video Technology, 2020, 31(1): 315-325.

[67] Xu F, Wang H, Peng J, et al. Scale-aware feature pyramid architecture for marine object detection. Neural Computing and Applications, 2020, 33(8): 3637-3653.

[68] Fan B, Chen Y, Qu J, et al. FFBNet: lightweight backbone for object detection based feature fusion block//The 26th IEEE International Conference on Image Processing (ICIP), Taipei, 2019: 3920-3924.

[69] Huang H, Zhou H, Yang X, et al. Faster R-CNN for marine organisms detection and recognition using data augmentation. Neurocomputing, 2019, 337(3): 372-384.

第 2 章　特征模糊下的非合作目标探测与识别方法

2.1　绪　　论

2.1.1　引言

　　针对蛙人、水下机器人、无人潜航器（Unmanned Underwater Vehicle，UUV）等非合作目标的探测与识别，是水下探测技术研究的重中之重。但受水下水质浑浊、光线弱、目标物尺度小等因素影响，目标物特征模糊，严重影响识别准确度。对于特征模糊目标的探测和识别等问题一直是水下探测领域的难题。随着实际问题研究的深化和应用中要求的不断提高，深入研究水下模糊目标探测的新理论和新方法，解决复杂水下背景噪声环境中目标的探测问题，对于提高水下探测设备的技术性能具有重要的意义。

　　现有的方法通常提取非合作目标的多尺度特征解决特征模糊导致的梯度消失问题。然而，这种方式显著增加了方法的计算量[1]。通过扩张卷积在卷积核中增加空洞，可以在不增加计算量的同时增加特征图的分辨率。但扩张卷积存在"网格化"的问题，会造成部分相邻信息的丢失[2]。

　　水下环境中光线较暗且水质浑浊，会降低水下图像的清晰度，使得图像中非合作目标特征信息不完备[3]。图卷积神经网络通过节点之间的信息传递来捕捉目标之间的依赖关系，可以有效地学习目标的空间语义特征，并通过空间语义特征弥补目标的特征缺失，提高水下模糊图像的识别精度[4]。现有方法通常通过数据集的标签共现关系构建相关矩阵，泛化能力较弱[5-7]。

2.1.2　国内外研究现状

2.1.2.1　模糊小尺度目标探测与识别研究现状

　　（1）模糊小尺度目标识别方面。针对水下部分目标体积小、在识别过程中容易出现漏检的问题，Kong[8]提出一种 YOLOv3-DPFIN 目标检测算法。该模型通过双路径网络（Dual Path Networks，DPN）模块和融合转换模块进行高效的特征提取，并采用密集连接方法改进多尺度预测，可以快速完成目标的检测，有效提升了算法的实时性。对于小目标在复杂环境中容易被其他物体或噪声掩盖，Wu[9]提出一种开闭变换算法来消除或削弱背景和噪声。该方法通过消除噪声，提取弱小特征，实现对小目标的识别，有效提高了小目标的识别效率。在卷积神经网络方面，Li[10]通过提取高分辨率范围曲线（High Resolution Range Profile，HRRP）的特征并对目标进行分类，实现对小目标的检测。该目标识别方法具有良好的泛化能力和稳定的性能。Cao[11]提出一种小波神经网络（Wavelet Neural Network，WNN）算法检测低空小目标。该算法可同时检测多个小目标。Wu[12]提出一种用于红外图像中小目标的新的深度卷积网络，将小型目标检测的问题转变为小型目标位置分布的分类，在不同的场景下均有优异的效果。针对目标和背景在部分地区存在差异，He[13]提出一种多尺度本地灰色动态范围（Multiscale Local Gray Dynamic Range，MLGDR）方法。该方法在不同的场景中实现了高信噪比和低检测率。Deng[14]在复杂背景中嵌入多尺度模糊度量检测，可消除大量背景折叠和噪声。Wang[15]采用卷积神经网络的单个静态图像密度估计方法，利用多尺度扩张的卷积模块将底层详细信息集成到高级语义特征中，提升了网络的识别能力。Fang[16]构建基于扩张卷积的多尺度特征金字塔融合神经网络，实现对目标更加快速的识别和跟踪。实验表明该算法具有良好的收敛速度和泛化能力。这些方法有效解决了特征消失的问题，提升了对小目标的识别能力。但对特征不完备的目标进行识别方面，识别能力还需要提升。

（2）小尺度目标检测方面。Wang[17]利用语义特征来引导生成锚点，使用高质量的建议来提高小检测性能。Cai[18]通过构建目标的多视角数据对目标进行光场重建，实现不同视角对机动目标的识别。Li[19]提出一种新型的元孪生延迟深度确定性策略梯度，能够在不确定的环境下快速跟踪目标。Cai[20]将迁移强化学习与多视角光场重构相结合，提高了机动目标识别的实时性。Xu[21]通过丰富的细粒度特征来检测小目标。Zhang[22]为解决小目标特征信息较少的问题，融合语义和尺度不一致的特征来提高准确性。Yan[23]通过对小红外目标分配特定的稀疏权重，获得精确的目标检测结果。Zhao[24]通过自主学习红外图像小目标独特的分布特征，提升了小目标检测结果。Li[25]结合局部特征和卷积神经网络（Local Features Convolutional Neural Network，LF-CNN），对复杂背景下的小样本目标进行识别。

2.1.2.2　目标模糊特征提取研究现状

（1）模糊目标提取方面，Shen[26]采用图神经网络来挖掘图形节点关系，并用卷积神经网络构建人体部位图，实现对遮挡行人的目标检测。Jiang[27]提出基于Segnet 的语义分割网络与随机步行相结合的网络，减少了图像边缘模糊，同时提高了语义分割的性能。Gama[28]利用曲线信号处理来表征图形神经网络（Graph Neural Network，GNN）的表示空间，使 GN（Group Normalization）具有更好的观察能力。为了研究骨架数据与人类行动关系，Fu[29]设计具有新的残余分流结构的指导图卷积神经网络，有效避免了梯度消失的问题。Lu[30]提出将语义分段转换为图形节点中的新模型，该模型可在不丢失位置信息的情况下扩展接收领域并将结构与特征提取结合，验证了图形结构与深度学习结合的想法。Zhang[31]利用卷积神经网络提取空间和语义卷积特征，使空间特征保持更高分辨率，有效提高了视觉跟踪的精度。Zhang[32]将对象提议与注意力网络相结合，用于有效捕获视频动态场景中的显著对象和人类注意力区域。Li[33]提出一个新的端到端语义分割网络，它集成了轻量级空间的和通道注意力模块，可以细化特征自适应地改进轻量级空间和通道注意力模块，可实现更好的语义细分结果。Yin[34]设计一种增强全局注意力解码器，通过增强注意力和语义分割的特征聚合模块，恢复详细的语义信息和进行预测。Wang[35]提出一个门控空间和语义关注标题模型，在定量和定性结果方面效果显著。Jin[36]结合递归学习和密集跳跃链接，实现递归残差特征提取和多级特征融合。Gao[37]在特征金字塔网络（Feature Pyramid Network，FPN）中嵌入空间注意块，以减少降维过程中空间信息的丢失。Sun[38]充分利用低分辨率图像的层次特征，引入密集连接来缓解梯度消失问题。为了提高单图像超分辨率SISR 的性能，Feng[39]从不同维度提取高频细节信息。以上方法在一些测试中表现良好，但针对水下模糊小目标的识别能力还存在不足。

（2）小尺度目标扭曲图像校正方面。Zhou[40]通过空间变换器网络对潜在操纵区域的卷积特征图进行几何校正。Liao[41]构建统一学习模型，实现畸变图像的全方位自动校正。Guo[42]通过构造补偿相位项来消除图像畸变，无须计算图像的畸变角即可完成畸变校正。Mehta[43]应用径向和场畸变校正，解决光学相干层析成像（Optical Coherence Tomography，OCT）畸变伪影的问题。上述方法在相应领域有不错的成效，但都是通过构建相关畸变模型，调整系数优化模型。对于非均匀水体中光传输导致的目标成像扭曲的问题，无法通过固定的模型来表征畸变特性，使得扭曲矫正十分困难。

综上所述，虽然学者们针对水下目标特征提取、探测和识别方面做出了很大的贡献，但在复杂的水下环境下，水下光线弱和水质浑浊导致目标特征信息不完备，并且光线的散射和折射造成水下目标存在不确定性的扭曲。在水下探测与识别过程中，水下尺度目标可利用特征有限。因此，还需进一步加强对模糊、扭曲的水下小尺度目标探测与识别方面的研究。

2.1.3　主要研究内容

（1）多尺度特征融合的模糊目标探测与识别方法。构建标签共现相关矩阵，利用训练集和当前训练批次的数据标签构建一个新型的动态条件概率相关矩阵，可以在数据集中标签分布不均时有效建模目标的空间语义关系；构建显著特征金字塔网络，通过多尺度 InfoNCE 损失提取目标 4 个尺度的显著特征，解决小尺度目标特征消失的问题；提出动态多尺度特征融合机制，对不同尺度的目标设计不同的特征融合机制，动态融合多尺度显著特征和空间语义特征，并通过交叉熵损失函数训练目标识别网络。

（2）增强混合扩张卷积的水下模糊小目标识别方法。通过混合扩张卷积特征提取网络对小目标特征进行提取，增加感受野的同时不增加计算量；并通过自适应相关矩阵学习目标空间语义特征，弥补目标的特征缺失；利用节点的特征和空间语义特征进行融合，实现对模糊小目标的识别。

2.2　多尺度特征融合的模糊目标探测与识别方法

在复杂动态水下环境中，环境昏暗、快速机动等原因导致小尺度非合作目标特征信息模糊不清，很难从背景中区分。有些方法融合目标与环境的外部特征以提高目标识别精度，但是会极大增加计算量。此外，水下非合作目标样本分布不均衡也会影响空间语义特征提取的准确性。针对上述问题，本节提出一种多尺度特征融合的模糊目标探测与识别方法。

2.2.1　动态空间语义特征提取模型

由于数据集中标签分布不均匀，提出动态条件概率相关矩阵表示目标间语义相关性。动态条件概率矩阵为 $P(L_j|L_i)$，表示标签 L_i 出现时标签 L_j 出现的条件概率。与传统相关矩阵相比，动态条件概率矩阵是不对称的，即 $P(L_j|L_i) \neq P(L_i|L_j)$。进一步构建当前批次训练数据的局部条件概率，增加语义关系模型的鲁棒性。然后分别计算训练集和当前训练批次中目标的共现情况，得到静态的共现相关矩阵 M 和局部相关矩阵 B。通过该矩阵构建目标之间的条件概率矩阵如下

$$P_{ij} = \omega_A M_{ij} / N_i + \omega_B B_{ij} / S_i \qquad (2\text{-}1)$$

式中，ω_A 和 ω_B 是权重，M_{ij} 表示目标 L_i 和 L_j 在训练集中同时出现的次数，N_i 表示目标 L_i 在训练集中出现的次数，B_{ij} 表示当前批次中 L_i 和 L_j 同时出现的次数，S_i 是当前批次中 L_i 出现的次数，$P_{ij} = P(L_j|L_i)$ 表示标签 L_i 出现时标签 L_j 出现的概率。由于部分罕见的共现关系可能为噪声，设置概率阈值 τ 过滤噪声。过滤后的矩阵为

$$A_{ij} = \begin{cases} 0, & P_{ij} < \tau \\ P_{ij}, & P_{ij} > \tau \end{cases} \qquad (2\text{-}2)$$

构建一个空间语义特征提取网络,如图 2-1 所示。该网络利用动态条件概率矩阵表示目标之间的语义相关性,并通过节点间的信息传递更新特征表示。空间语义特征提取网络可以表示为

$$f^{l+1} = L\left(A \cdot f^l \cdot W^l\right) \qquad (2\text{-}3)$$

式中,f^l 表示初始的空间语义特征,f^{l+1} 为更新后的空间语义特征,A 是经过归一化的动态条件概率相关矩阵,W^l 是需要学习的变换矩阵,$L(\bullet)$ 是一个非线性的 Leaky ReLU 激活函数。

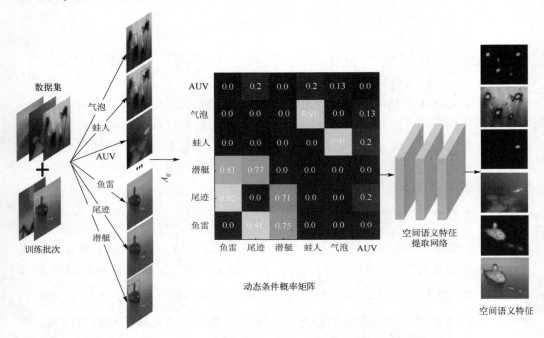

图 2-1　动态空间语义特征提取网络

2.2.2　多尺度显著特征提取模型

水下环境中光线较弱、背景复杂,造成目标图像特征较弱。通过色彩变换、随机裁剪和高斯模糊等方法增强原始样本特征。来自相同图像的不同增强视图为正样本;来自不同图像的为负样本。通过构建一个特征库存储训练过程中的所有的增强样本。针对特征提取网络输入的图像,在特征库中存在与输入样本来自相同图像的正样本 k^+ 以及不同图像的负样本 k^-。

采用 ResNet 网络作为多尺度显著特征提取模型 $f(\bullet)$ 的基础网络。该网络总体可以划分为 5 层,记为 conv X。每层网络提取的特征可以表示为 $h_X = f_X(I)$。

提取网络 2～5 层的显著特征，表示为 $h=\{h_2,h_3,h_4,h_5\}$。将特征向量 h 通过一个全连接层 $g(\bullet)$ 非线性投影为向量 $z=\{z_2,z_3,z_4,z_5\}$。通过多尺度 InfoNCE 损失函数训练模型 $f(\bullet)$。样本的余弦相似性如下

$$\mathrm{sim}\left(z_q^i,z_k^i\right)=\frac{z_q^i\bullet z_k^i}{\left\|z_q^i\right\|\left\|z_k^i\right\|} \tag{2-4}$$

式中，z_q^i 表示输入图像不同尺度表征向量的非线性投影，z_k^i 表示特征库中正样本或者负样本表征的非线性投影。模型的多尺度 InfoNCE 损失函数如下

$$L_q=\sum_{i=2}^{5}\omega_i\cdot\left[-\log\frac{\exp\left(\frac{\mathrm{sim}\left(z_q^i,z_{k^+}^i\right)}{\tau}\right)}{\exp\left(\frac{\mathrm{sim}\left(z_q^i,z_{k^+}^i\right)}{\tau}\right)+\sum_{k^-}\exp\left(\frac{\mathrm{sim}\left(z_q^i,z_{k^-}^i\right)}{\tau}\right)}\right] \tag{2-5}$$

式中，ω_i 表示不同尺度特征的权重，z_q^i 是输入图像不同尺度的特征表示，k^+ 表示正样本，k^- 表示负样本，τ 用于放大图像表示的相似性度量。

特征库可以使负样本数量变大，提高训练效果。然而，该现象也增加了特征库编码器 f_k 的更新难度。通过编码器 f_q 动态更新特征库编码器 f_k。编码器 f_q 和 f_k 的参数分别表示为 θ_q 和 θ_k。θ_k 的更新方式为

$$m\theta_k+\left(1-\theta_q\right)\to\theta_k \tag{2-6}$$

式中，动量系数 $m\in[0,1)$；在训练过程中，θ_q 通过随机梯度下降的方式更新参数。当 θ_q 更新后，θ_k 根据上述方式更新参数。完成训练后，编码器 f_q 可以提取图像的多尺度显著特征。图像的多尺度显著特征可以表示为

$$f=\left\{f_{q2}(x),\ f_{q3}(x),\ f_{q4}(x),\ f_{q5}(x)\right\} \tag{2-7}$$

式中，x 为输入的测试图像，f_q 为训练完成的编码器。

2.2.3　动态多尺度特征融合机制

捕获的水下图像可能同时存在多个目标，根据目标威胁程度可划分不同的识别优先级。利用单尺度的显著特征可以快速识别高优先级目标。然而，对于其他的水下弱目标，单一尺度的显著特征可区分性较差。本节提出一种动态的多尺度显著特征融合机制，对于不同优先级的目标，该方法融合不同尺度的显著特征。

高优先级目标威胁性较高，方法需要快速地给出识别结果。因此需要尽可能地降低识别网络的计算量，深层网络输出的显著特征语义区分性较高且计算量较

小。因此，识别高优先级目标时方法仅融合 conv 5 层网络输出的显著特征和空间语义特征。高优先级目标的显著特征可以表示为

$$H^h = F_P\left(f_{q5}(x), f^T \right) \tag{2-8}$$

式中，F_P 表示特征融合函数，$f_{q5}(x)$ 表示 conv 5 层网络输出的显著特征，f^T 为目标的空间语义特征。

低优先级目标距离较远，经过多层卷积后容易消失在特征图中。浅层网络输出的显著特征包括更多的细节信息。识别低优先级目标时，方法融合多尺度显著特征和空间语义特征。融合后的特征既包括深层的语义信息，又包括浅层的细节信息。使用该特征可以提高方法的识别精度。然而，该特征的计算量较大，会降低目标识别速度。低优先级目标的特征可以表示为

$$H^l = F_P\left(\sum_{i=2}^{5} \omega_i \cdot a^{i-2} \cdot f_{qi}(x), f^T \right) \tag{2-9}$$

式中，x 为输入的测试图像，f_q 为训练完成的编码器，i 表示网络层数，ω_i 表示不同尺度特征的权重，a 是上采样倍数。

将上述特征输入到分类层（cls）和回归层（reg）。具体请参考 1.3.3 节。

2.3　增强混合扩张卷积的水下模糊小目标识别方法

在水下目标探测与识别过程中，模糊小目标可利用特征有限，同时特征提取网络下采样过程中会存在特征梯度消失的问题。该现象严重影响了水下模糊小目标的识别精度。现有的方法通常提取目标的多尺度特征解决特征梯度消失的问题。虽然这种方法可以部分解决特征梯度消失的难题，但是会显著增加计算量。本节通过扩张卷积在卷积核中增加空洞，可以在不增加计算量的同时增加特征图的分辨率。

2.3.1　网络模型

水下环境中存在光线弱和水质浑浊等问题。这些现象导致水下小目标特征消失。微小目标特征提取网络采用优化后的 ResNet 作为基础网络。网络输入为 256×256 的 3 通道图像，采用 13 个卷积核对输入图像进行卷积，卷积核为 3×3，步长为 2，得到 13 通道的特征图。同时，对输入图像进行最大池化，可有效保留图像的原始信息并加快训练速度。最大池化的输出结果为 3 通道的特征图。对以上两个结果进行融合，得到为 16 通道的特征图。

为了保持网络的分辨率和感受野，在卷积核中插入"holes"，即扩张卷积，得到大小为 $k_d \times k_d$ 的扩张滤波器。卷积核为 $k \times k$，其中 $k_d = k + (k-1) \cdot (r-1)$。扩张模块可用更少的网络层得到更多的视场，有效加快训练速度，同时输出层的特征图可与输入层保持相同的分辨率。本节采用混合扩张卷积提取图像特征，解决局部信息不完全和信息不相关的问题。将卷积核的膨胀率设置为 1、2、5。该方法提高了模糊小目标特征分辨率。

卷积层后跟着一个批量归一化和指数线性单元（Exponential Linear Units，ELUs）。ELUs 激活函数可加快学习的速度并避免梯度消失，计算公式为

$$f(x) = \begin{cases} a(\mathrm{e}^x - 1)x, & x < 0 \\ 0, & x \geqslant 0 \end{cases} \tag{2-10}$$

图像 x 输入特征提取网络 Q，Q 输出特征为 $G = Q(x)$。

2.3.2　模糊特征信息提取

水下目标受海水浑浊度和光线弱的影响图像模糊，造成目标特征信息缺失。相关矩阵表示不同目标之间的空间语义关系。现有相关矩阵通常由训练集的标签共现关系构建，其泛化能力较弱。本节构建自适应相关矩阵，表示目标间的语义相关性，如图 2-2 所示。自适应相关矩阵模块由两个 1×1 的卷积层和一个点积运算组成，输出学习的标签相关矩阵 A

$$A_{ij} = \frac{1}{C}(W_\varnothing * E)^{\mathrm{T}}(W_\theta * E) = \begin{cases} a_{00} & \cdots & a_{0(C-1)} \\ \vdots & & \vdots \\ a_{(C-1)0} & \cdots & a_{(C-1)(C-1)} \end{cases} \tag{2-11}$$

式中，$W_\varnothing$ 和 W_θ 表示卷积核，$*$ 为卷积运算，E 为标签词嵌入向量，C 为类别。由于部分罕见的共现关系可能为噪声，本节设置了一个概率阈值 τ 过滤噪声。过滤后的矩阵为

$$B_{ij} = \begin{cases} 0, & A_{ij} < \tau \\ A_{ij}, & A_{ij} > \tau \end{cases} \tag{2-12}$$

构建一个空间语义特征提取网络。该网络利用自适应相关矩阵表示目标之间的语义相关性，并通过节点间的信息传递更新特征表示。空间语义特征提取网络可以表示为

$$f^{l+1} = L(B \cdot f^l \cdot W^l) \tag{2-13}$$

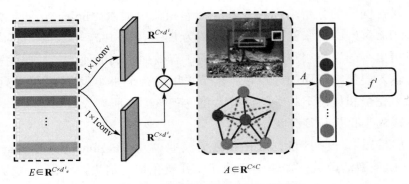

图 2-2　空间语义特征提取模型

初始化空间语义特征，表示为 $f^l = G$。f^{l+1} 为更新后的空间语义特征。B 是经过归一化的自适应相关矩阵。W^l 是需要学习的变换矩阵。$L(\cdot)$ 是一个非线性的 Leaky ReLU 激活函数。

2.3.3　增强混合扩张卷积的水下模糊小目标识别方法

在获取的视觉特征图的基础上，提取目标的候选区域。本节算法将空间语义特征和视觉特征进行融合，最终完成对模糊小目标的识别。将候选框视为图结构中的一个节点，融合节点的空间语义特征 f^{l+1} 和视觉特征 G，根据融合后的结果预测目标类型。

对象分类由网络模型的分类层进行，对每个候选框输出离散型概率分布。最终输出结果为 $C+1$ 维的数组 Y，由 SoftMax 函数计算得出。Y 表示对象属于 C 个类别和背景的概率，即

$$Y = \left(y^0, y^1, \cdots, y^C\right) \tag{2-14}$$

通过最小化损失函数训练模型，计算方式为

$$L = \frac{1}{N_{cls}} \sum_i \sum_{c=1}^{C} -\left(1-\hat{y}_i^c\right)^\gamma \log \hat{y}_i^c + \lambda \frac{1}{N_{reg}} \sum_i P_i^* R\left(T_i - T_i^*\right) \tag{2-15}$$

式中，c 为目标类别，R 为 smooth L1 函数，i 表示候选框的编号，y_i^c 表示候选框 i 中目标类型的预测概率，由分类层给出，T_i 表示目标候选框坐标，由回归层给出，T_i^* 为目标真实区域坐标，N_{reg} 等于目标候选框的数量，N_{cls} 在数值上等于训练的最小批量，N_{cls} 和 N_{reg} 表示损失函数归一化；$\sigma(\cdot)$ 是 sigmoid 函数，λ 表示平衡权重。

2.4　实验验证与结果分析

2.4.1　多尺度特征融合的模糊目标探测与识别方法仿真

2.4.1.1　实验设置

本实验在 TensorFlow 中进行训练和测试；模拟计算在小型服务器（RTX 3090 GPU、64G RAM 和 Windows 10 64 位操作系统）上运行。

本节使用 CADDY、UIEB 和 UTD 三个数据集进行训练和测试。利用 13000 幅未标记图像训练了一个多尺度显著特征提取模型。此外，还利用 1278 幅标记图像对空间语义特征提取模型和目标识别网络进行了训练和测试，数据集按 7∶3 的比例分为训练集和测试集。

使用随机梯度下降（SGD）优化器对权重衰减为 0.0005、动量为 0.9 的模型进行训练。训练最小批次为 64，初始学习率为 0.01。整个训练过程迭代 50000 次，其中迭代次数为 40000 次和 45000 次时学习率衰减，衰减率为 0.1。

2.4.1.2　仿真结果分析

本节动态融合多尺度显著特征和空间语义特征对目标进行识别，并设计三组仿真实验验证所提方法的有效性，并与 FISHnet、SiamFPN、SA-FPN 和 FFBNet 进行对比。本章方法-1 为单尺度显著特征识别结果，本章方法为动态多尺度显著特征融合识别结果。评价标准为平均识别精度（mAP）和识别时间。常规水下目标图像的识别精度和识别时间对比如表 2-1 所示。

表 2-1　常规水下目标图像的识别精度和识别时间

方法	鱼雷	尾迹	潜艇	蛙人	气泡	AUV	mAP	时间/s
FISHnet	0.5711	**0.6477**	0.9286	0.7553	0.6944	0.9197	0.7528	0.398
SiamFPN	0.4376	0.4163	0.9294	0.7302	0.6419	0.9283	0.6806	0.231
SA-FPN	0.4742	0.6372	0.8284	0.7307	0.7017	**0.9300**	0.7170	0.245
FFBNet	0.589	0.5613	0.729	**0.7573**	**0.8021**	0.9208	0.7266	**0.109**
本章方法-1	0.6214	0.5360	0.8867	0.7248	0.7382	0.8675	0.7291	0.212
本章方法	**0.6715**	0.5449	**0.9573**	0.7468	0.7645	0.8732	**0.7597**	0.223

在表 2-1 的常规水下目标图像识别结果中，本章方法针对鱼雷和潜艇的识别精度最高，分别为 0.6715 与 0.9573；针对蛙人目标，FFBNet 的识别精度最高为

0.7573，略高于本章方法。在 AUV 类型下，SA-FPN 的识别精度为 0.93，高于本章方法的 0.8732。在识别时间方面，FFBNet 仅需要 0.109s，显著高于本章方法，但是本章方法具有更高的平均识别精度。以上数据分析表明，本章方法虽然在部分目标类别中表现不太理想，但是在总体的识别精度方面具有一定的优势。另外，本章所提出的动态多尺度特征融合机制可以使平均识别精度提高 3.06%。常规水下图像的可视化结果如图 2-3 所示。

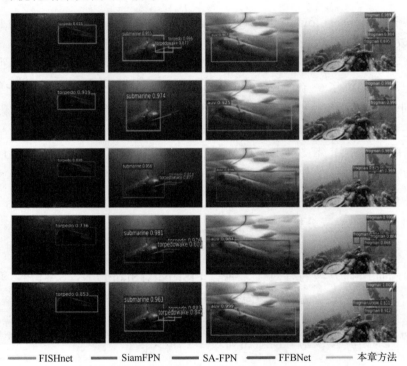

──── FISHnet　　──── SiamFPN　　──── SA-FPN　　──── FFBNet　　──── 本章方法

图 2-3　常规水下图像识别结果（见彩图）

水下模糊图像的识别精度和可视化结果如图 2-4 和表 2-2 所示。从表 2-2 可以看出，FISHnet 的平均识别精度为 0.6719，略高于本章方法。另外，FISHnet 识别鱼雷目标的准确率最高。对于潜艇目标，SiamFPN 具有最高的识别精度。本章方法识别蛙人目标的精度为 0.7759，优于其余对比方法。AUV 目标识别精度最高的是 SA-FPN。从上述数据可以看出，所有方法的识别精度均有所下降。本章所提出的通过空间语义特征提高部分目标的识别精度，其平均识别精度与 FISHnet 相当，但所提方法具有较短的识别速度。

────FISHnet ────SiamFPN ────SA-FPN ────FFBNet ────本章方法

图 2-4　水下模糊图像识别结果（见彩图）

表 2-2　水下模糊图像识别精度和识别时间

方法	鱼雷	尾迹	潜艇	蛙人	气泡	AUV	mAP	时间/s
FISHnet	**0.5091**	**0.6616**	**0.8014**	0.6402	0.6663	0.7525	**0.6719**	0.402
SiamFPN	0.3476	0.405	0.8459	0.6901	0.6645	0.8730	0.6377	0.228
SA-FPN	0.4134	0.4682	0.7786	0.7505	0.6517	**0.8758**	0.6564	0.254
FFBNet	0.4768	0.4116	0.6825	0.7103	0.7214	0.823	0.6376	**0.103**
本章方法-1	0.4235	0.4019	0.7971	0.7116	0.6983	0.8289	0.6436	0.212
本章方法	0.4656	0.4189	0.8001	**0.7759**	**0.7321**	0.8306	0.6705	0.225

2.4.2　增强混合扩张卷积的水下模糊小目标识别方法仿真

2.4.2.1　实验设置

本次实验使用的数据集均来自 UTD、CADDY 和 UIEB 三个数据集。数据集有 11560 幅标签图片，训练集和测试集的比例为 7∶3。训练集训练提取模型，测试集对识别网络进行测试。训练和测试均在 Windows 10 下的 TensorFlow 中进行。仿真计算运行在 GPU 为 GTX 2080、内存为 64G 的小型服务器上。

2.4.2.2　实验结果与分析

针对水下目标图像模糊问题，设计两组目标识别对比仿真实验，对比方法分别为 CRSNet、DMNet、Improved RetinaNet、MobileNet-SSD。

（1）清晰水下图像识别结果。

图 2-5 为常规水下目标图像识别结果对比。

——— CRSNet　　——— DMNet　　Improved RetinaNet　　MobileNet -SSD　　——— 本章方法

图 2-5　常规水下目标图像识别结果对比（见彩图）

在图 2-5 中，每行图像分别表示每种方法对不同目标的识别准确度，分别为鱼雷、尾迹、潜艇、蛙人、气泡及 AUV 四种目标类型。表 2-3 为方法对常规水下目标图像的识别精度和识别时间。从识别结果可以看出，本章方法平均识别精度为 0.7315，在对蛙人和气泡目标识别精度方面为最优，分别为 0.7717 和 0.7477。但是，本章方法在识别时间方面略低于 MobileNet-SSD，识别时间为 0.208s；CRSNet 对鱼雷和鱼雷尾迹的识别精度最高，分别为 0.5641 和 0.6025；DMNet 对潜艇的识别准确度最高，为 0.9326；Improved RetinaNet 在 AUV 的识别精度方面高于本章方法，为 0.9470。在识别时间方面，MobileNet-SSD 效果最优，为 0.108s。从上述分析表明，本章方法在平均识别精度方面表现优秀，但在鱼雷和尾迹识别方面不太理想。

表 2-3　清晰水下图像目标识别精度和识别时间

方法	AUV	气泡	蛙人	潜艇	鱼雷	尾迹	mAP	时间/s
CRSNet	0.8077	0.7407	0.758	0.8504	**0.5641**	**0.6025**	0.7205	0.372
DMNet	0.8733	0.7029	0.7638	**0.9326**	0.4468	0.5627	0.7136	0.214
Improved RetinaNet	**0.9470**	0.7084	0.7482	0.8751	0.4142	0.5542	0.7078	0.233
MobileNet-SSD	0.8996	0.7340	0.7514	0.8059	0.5637	0.5373	0.7153	**0.108**
本章方法	0.9308	**0.7477**	**0.7717**	0.8594	0.5468	0.5330	**0.7315**	0.208

（2）水下模糊目标图像识别结果。

图 2-6 为对水下模糊目标图像的识别结果对比情况。表 2-4 为水下模糊图像目标识别精度和识别时间。可以分析出，本章方法在面对模糊图像时识别效果最为优秀，平均识别精度为 0.7063。在识别蛙人和气泡方面依然保持最高，分别为 0.7588 和 0.7732。在识别鱼雷方面，本章方法也最高，为 0.5149。CRSNet 对鱼雷尾迹的识别精度最高，为 0.6136。Improved RetinaNet 对识别 AUV 和潜艇目标识别精度最高，分别为 0.8420 和 0.9262。在识别时间方面，MobileNet-SSD 保持最快的识别速度，为 0.115s。从上述数据可以看出，在识别水下模糊目标时，本章方法具有最高的平均识别精度。

（3）弱光线条件下水下模糊目标图像识别结果。

图 2-7 为 Ours 算法对弱光线条件下水下模糊图像的识别结果。可以分析出，在对鱼雷、潜艇、AUV 进行识别时，各方法所显示的置信度都相对优秀，且数值较高。在鱼雷尾迹识别方面，CRSNet 表现最为优秀，成功识别出弱光线条件下的尾迹，但该方法对小尺度的鱼雷识别效果较差。本章方法对小尺度鱼雷识别置信度最高，为 0.974。CRSNet、Improved RetinaNet 和本章方法识别出全部的蛙人、

气泡，本章方法对蛙人、气泡识别的置信度最高，分别为 0.992 和 0.998。从以上分析来看，本章方法对弱光线条件下水下模糊图像识别结果更优秀。

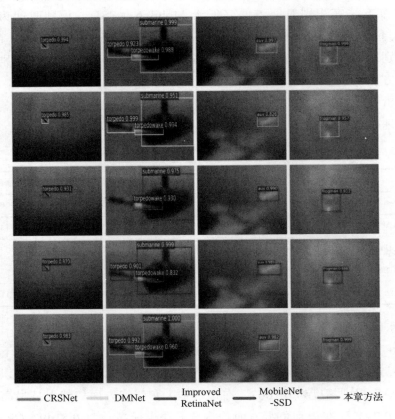

——— CRSNet　　——— DMNet　　Improved RetinaNet　　MobileNet-SSD　　——— 本章方法

图 2-6　水下模糊目标图像识别结果对比（见彩图）

表 2-4　水下模糊图像目标识别精度和识别时间

方法	AUV	气泡	蛙人	潜艇	鱼雷	尾迹	mAP	时间/s
CRSNet	0.8196	0.7351	0.7409	0.8102	0.4565	**0.6136**	0.6959	0.413
DMNet	0.8496	0.7227	0.7427	0.8311	0.4096	0.4670	0.6704	0.217
Improved RetinaNet	**0.9262**	0.6896	0.7402	**0.8420**	0.4583	0.4022	0.6764	0.248
MobileNet-SSD	0.8331	0.7047	0.6612	0.6941	0.4338	0.4101	0.6228	**0.115**
本章方法	0.9022	**0.7732**	**0.7588**	0.7559	**0.5149**	0.5330	**0.7063**	0.215

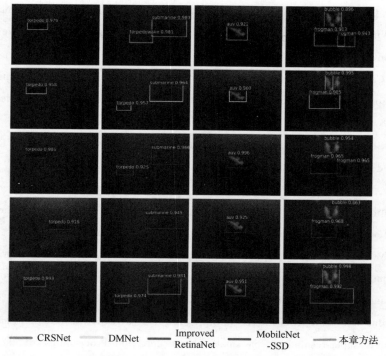

CRSNet　　DMNet　　Improved RetinaNet　　MobileNet-SSD　　本章方法

图 2-7　弱光线条件下水下模糊图像识别结果（见彩图）

2.5　本章小结

在水下目标探测识别过程中，由于复杂动态水下环境不确定性影响，捕获到的水下目标图像往往模糊不清，给进一步的目标特征提取带来了很多困难。基于此，本章提出多尺度特征融合的模糊目标探测与识别方法，利用训练集和当前训练批次的数据标签构建一个新型的动态条件概率相关矩阵，并建立显著特征金字塔网络，解决模糊小尺度目标特征消失难题；构建增强混合扩张卷积的水下模糊小目标识别方法，通过混合扩张卷积特征提取网络对模糊小目标特征进行提取，增加感受野的同时不增加计算量。

参 考 文 献

[1]　Lu L, Li H, Ding Z, et al. An improved target detection method based on multiscale features fusion. Microwave and Optical Technology Letters, 2020, 62(9): 3051-3059.

[2] Wang P, Chen P, Yuan Y, et al. Understanding convolution for semantic segmentation// 2018 IEEE Winter Conference on Applications of Computer Vision (WACV), Nevada, 2018: 1451-1460.

[3] Sun Q, Cai L. Multi-AUV target recognition method based on GAN-meta learning//The 5th International Conference on Advanced Robotics and Mechatronics (ICARM), Shenzhen, 2020, 374-379.

[4] Cai L, Chen C, Chai H. Underwater distortion target recognition network (UDTRNet) via enhanced image features. Computational Intelligence and Neuroscience, 2021.

[5] Shen W, Qin P, Zeng J. An indoor crowd detection network framework based on feature aggregation module and hybrid attention selection module//Proceedings of the IEEE/CVF International Conference on Computer Vision Workshops, Seoul, 2019: 82-90.

[6] Pato L V, Negrinho R, Aguiar P M Q. Seeing without looking: contextual rescoring of object detections for ap maximization//Proceedings of the IEEE/CVF Conference on Computer Vision and Pattern Recognition, New York, 2020: 14610-14618.

[7] Noh J, Bae W, Lee W, et al. Better to follow, follow to be better: towards precise supervision of feature super-resolution for small object detection//Proceedings of the IEEE/CVF International Conference on Computer Vision, Seoul, 2019: 9725-9734.

[8] Kong W Z, Hong J C, Jia M Y, et al. YOLOv3-DPFIN: a dual-path feature fusion neural network for robust real-time sonar target detection. IEEE Sensors Journal, 2020, 20(7): 3745-3756.

[9] Wu Q E, An Z, Chen H, et al. Small target recognition method on weak features. Multimedia Tools and Applications, 2021, 80(3): 4183-4201.

[10] Li J, Zhang F, Xiang Y, et al. Towards small target recognition with photonics-based high resolution radar range profiles. Optics Express, 2021, 29(20): 31574-31581.

[11] Cao C, Hou Q, Gulliver T A, et al. A passive detection algorithm for low-altitude small target based on a wavelet neural network. Soft Computing, 2020, 24(14): 10693-10703.

[12] Wu S C, Zuo Z R. Small target detection in infrared images using deep convolutional neural networks. Journal of Infrared and Millimeter Waves, 2019, 38(3): 371-380.

[13] He Y, Zhang C, Mu T, et al. Multiscale local gray dynamic range method for infrared small-target detection. IEEE Geoscience and Remote Sensing Letters, 2020, 18(10): 1846-1850.

[14] Deng H, Sun X, Zhou X. A multiscale fuzzy metric for detecting small infrared targets against chaotic cloudy/sea-sky backgrounds. IEEE Transactions on Cybernetics, 2018, 49(5): 1694-1707.

[15] Wang Y, Hu S, Wang G, et al. Multi-scale dilated convolution of convolutional neural network for crowd counting. Multimedia Tools and Applications, 2020, 79(1): 1057-1073.

[16] Fang J, Liu G. Visual object tracking based on mutual learning between cohort multiscale feature-fusion networks with weighted loss. IEEE Transactions on Circuits and Systems for Video Technology, 2020, 31(3): 1055-1065.

[17] Wang J, Chen K, Yang S, et al. Region proposal by guided anchoring//Proceedings of the IEEE/CVF Conference on Computer Vision and Pattern Recognition, Long Beach, 2019: 2965-2974.

[18] Cai L, Luo P, Zhou G, et al. Maneuvering target recognition method based on multi-perspective light field reconstruction. International Journal of Distributed Sensor Networks, 2019, 15(8): 1-12.

[19] Li B, Gan Z, Chen D, et al. UAV maneuvering target tracking in uncertain environments based on deep reinforcement learning and mata-learning. Remote Sensing, 2020, 12(22): 3789.

[20] Cai L, Luo P, Zhou G, et al. Multi perspective light field reconstruction method via transfer reinforcement learning. Computational Intelligence and Neuroscience, 2020, (2): 1-14.

[21] Xu F, Wang H, Peng J, et al. Scale-aware feature pyramid architecture for marine object detection. Neural Computing and Applications, 2021, 33(8): 3637-3653.

[22] Zhang M, Xu S, Song W, et al. Lightweight underwater object detection based on YOLOv4 and multi-scale attentional feature fusion. Remote Sensing, 2021, 13(22): 4706.

[23] Yan Z, Xin Y, Liu L, et al. Robust infrared superpixel image separation model for small target detection. IEEE Journal of Selected Topics in Applied Earth Observations and Remote Sensing, 2021, 14: 10256-10268.

[24] Zhao B, Wang C, Fu Q, et al. A novel pattern for infrared small target detection with generative adversarial network. IEEE Transactions on Geoscience and Remote Sensing, 2021, 59(5): 4481-4492.

[25] Li C, Liu L, Zhao J, et al. LF-CNN: deep learning-guided small sample target detection for remote sensing classification. Computer Modeling in Engineering and Sciences, 2022, 131(1): 429-444.

[26] Shen C, Zhao X, Fan X, et al. Multi-receptive field graph convolutional neural networks for pedestrian detection. IET Intelligent Transport Systems, 2019, 13(9): 1319-1328.

[27] Jiang J, Lyu C, Liu S, et al. RWSNet: a semantic segmentation network based on SegNet combined with random walk for remote sensing. International Journal of Remote Sensing, 2020, 41(2): 487-505.

[28] Gama F, Isufi E, Leus G, et al. Graphs, convolutions, and neural networks: from graph filters to graph neural networks. IEEE Signal Processing Magazine, 2020, 37(6): 128-138.

[29] Fu B, Fu S, Wang L, et al. Deep residual split directed graph convolutional neural networks for action recognition. IEEE MultiMedia, 2020, 27(4): 9-17.

[30] Lu Y, Chen Y, Zhao D, et al. CNN-G: convolutional neural network combined with graph for image segmentation with theoretical analysis. IEEE Transactions on Cognitive and Developmental Systems, 2020, 13(3): 631-644.

[31] Zhang J, Jin X, Sun J, et al. Spatial and semantic convolutional features for robust visual object tracking. Multimedia Tools and Applications, 2020, 79(21): 15095-15115.

[32] Tian S, Kang L, Xing X, et al. Siamese graph embedding network for object detection in remote sensing images. IEEE Geoscience and Remote Sensing Letters, 2020, 18(4): 602-606.

[33] Li H, Qiu K, Chen L, et al. SCAttNet: semantic segmentation network with spatial and channel attention mechanism for high-resolution remote sensing images. IEEE Geoscience and Remote Sensing Letters, 2020, 18(5): 905-909.

[34] Yin L, Hu H. Enhanced global attention upsample decoder based on enhanced spatial attention and feature aggregation module for semantic segmentation. Electronics Letters, 2020, 56(13): 659-661.

[35] Wang S, Lan L, Zhang X, et al. GateCap: gated spatial and semantic attention model for image captioning. Multimedia Tools and Applications, 2020, 79(17): 11531-11549.

[36] Jin X, Xiong Q, Xiong C, et al. Single image super-resolution with multi-level feature fusion recursive network. Neurocomputing, 2019, 370: 166-173.

[37] Gao F, Shi W, Wang J, et al. Enhanced feature extraction for ship detection from multi-resolution and multi-scene synthetic aperture radar (SAR) images. Remote Sensing, 2019, 11(22): 2694.

[38] Sun Y, Zhang Y, Liu S, et al. Image super-resolution using supervised multi-scale feature extraction network. Multimedia Tools and Applications, 2021, 80(2): 1995-2008.

[39] Feng X, Li X, Li J. Multi-scale fractal residual network for image super-resolution. Applied Intelligence, 2021, 51(4): 1845-1856.

[40] Zhou Z, Pan W, Jonathan Wu Q M, et al. Geometric rectification-based neural network architecture for image manipulation detection. International Journal of Intelligent Systems, 2021, 36(12): 6993-7016.

[41] Liao K, Lin C, Zhao Y, et al. OIDC-Net: Omnidirectional image distortion correction via coarse-to-fine region attention. IEEE Journal of Selected Topics in Signal Processing, 2020, 14(1): 222-231.

[42] Guo B, Shi L, Jia C, et al. Distortion correction method of bistatic ISAR image based on phase compensation//The 4th International Conference on Signal and Image Processing (ICSIP), Wuxi, 2019: 954-958.

[43] Mehta N, Cheng Y, Alibhai A Y, et al. Optical coherence tomography angiography distortion correction in widefield montage images. Quantitative Imaging in Medicine and Surgery, 2021, 11(3): 928.

第 3 章　小样本强干扰下的非合作
目标探测与识别方法

3.1　绪　　论

3.1.1　引言

　　为了应对日益增多的水面及水下袭击事件，构建安全的防御体系成为世界各国关注的焦点。各国投入了大量的人力和物力，竞相开展针对蛙人、水下机器人、UUV 等小体积、高机动非合作目标探测专用的声呐技术研究，部署远、中、近程相结合的立体警戒防御系统及相关技术，并积极探索反蛙人战术。作为典型的水下小目标，水下蛙人与目前研究较多的金属、岩石、海底沉积物在材料和结构上存在本质区别，与现有声呐设备所针对的水雷、舰船等目标也不尽相同，水下蛙人组成复杂，对其声散射特性的研究也很困难。蛙人目标机动性强、目标强度小、回波信号微弱，且散射声场复杂，再加上舰船、近海工业噪声和混响等干扰，难以被有效地检测到，此外，水下小体积非合作目标特征样本稀少、计算资源有限等因素更增加了探测与识别的难度。为了提高小样本强噪声条件下检测信号的信噪比，需要研究并建立噪声环境下的相位差估计模型，根据小体积非合作目标本身回波的特点，探索合适的信号检测与处理方法。

3.1.2　国内外研究现状

3.1.2.1　小体积高机动目标识别

　　通过对长时间积累及高速机动微弱目标检测和跟踪的研究，国内外学者在该领域取得了丰硕的成果。从 Chen 在 20 世纪 80 年代提出包络对齐的包络相关法开始[1]，众多学者在该方面开展了大量研究工作。包络对齐相关法首先估计出目标的运动参数，然后利用估计出的运动参数对回波的包络走动进行补偿，将包络对齐后再对多脉冲回波进行积累。该方法以相邻周期的回波为参考包络，对当前回波包络与参考包络进行相关处理，取最大相关系数作为对齐准则对齐当前回波的包络。但是，由于误差的存在，这种处理手段将会造成误差的积累，产生漂移误差。此外，回波实包络的异常现象也会引起突跳误差。邢孟道[2]提出一种迭代的方法，利用整体最优的思想实现包络对齐。Wang[3]将某次包络对齐时采用前面多次或是已经对齐的包络求和作为基准，避免了只用前一次相邻的包络求和作为基准带来的误差。此种方法能够在很大程度上消除包络漂移的现象，对于足够多的回波数而言，即使存在一两次的回波异常，也不会对求和基准产生较大的影响。Wang[4]提出一种利用最小熵准则对包络进行对齐处理的方法，效果较明显，但是如果只是将相邻两次回波逐个处理延伸，其结果与相邻相关类似，在整体上也可能出现包络漂移和突跳误差，但是仍可利用多次积累为基准的思想进行改进。文献[5]对包络对齐的方法进行了改进，首先，根据回波信号的线性特性，采用曲线拟合的方法得到距离走动量，其次，对其进行包络插值移位处理，该方法能够满足实时处理的要求，适用于噪声较小的环境中。文献[6]的包络对齐方法是对发射信号进行伸缩变换，使回波信号自动对齐，从而实现对距离走动量的校正，但是该方法需要提前预估目标的速度。

　　文献[5]和文献[6]的方法在噪声较小的情况下具有良好的性能，然而，在噪声干扰较强的情况下，目标的散射点不明显，回波信号的相关性较差，从而无法运用相邻相关方法对信号的包络进行对齐处理。因此，低信噪比点目标模型需要采用新的徙动补偿技术。针对低信噪比下的包络补偿，王俊[7]将时频分析和距离拉伸的方法运用到包络补偿中，首先，对目标回波中的不同单元进行距离拉伸并将其作为暂态信号，然后，采用时频联合处理的方式对运动进行补偿。

　　为改善多目标检测与追踪方法的实时性，郑玺[8]提出一种基于 OpenCV 的组合优化多目标检测追踪方法。该方法采用混合滤波避免了高斯拟合过程，实验结果表明该方法时效性强。马也[9]针对红外图像中的人体目标识别提出一种改进的背景减除方法，利用 HOG 特征来描述人体目标，并在实验中证明了其在微小目标干扰环境下的抗干扰能力。唐聪[10]分析了 SSD 对小目标检测存在不足的原因，提出一种多视窗小目标检测方法，并在实验的测试集中验证了算法的可靠性。田壮壮[11]针对雷达图像提出一种新的目标识别方法，该方法在误差代价函数中引入了类别可分性度量，提高了卷积神经网络的分类能力。为了检测复杂天空背景下低空慢速小目标，吴言枫[12]提出一种动态背景下"低小慢"目标自适应实时检测方法，并在多组场景的实验中验证了该方法的鲁棒性。

　　如果不考虑人为干扰，外部环境对声呐接收机会造成严重干扰。所谓环境干扰就是指海洋的噪声、声呐安装平台的自噪声以及混响等。而雷达接收机的外部干扰相较于声呐就小得多。较长时间以来，外部干扰被认为是呈白噪声形式的杂波干扰。另外，海洋介质的不均匀性和界面的不平整性，造成声信号的多途干扰和起伏，对声呐的影响十分严重。正是由于声呐外部环境干扰较为严重，多年来声呐设计者将主要精力都放在如何克服诸多外部环境干扰上，较少研究先进的信号处理新技术。

3.1.2.2　小样本目标检测与识别

近年来，深度学习技术的发展日渐成熟，HRRP 雷达目标识别的准确率得到了有效的提高。然而，无论是传统的识别方法还是基于深度学习的雷达目标识别方法都十分依赖于充足的样本数量来建立目标完备的特征空间。实际应用中雷达目标识别对象的非合作属性使其难以获取目标全方位充足的、分布均衡的 HRRP 数据样本，所以小样本问题也成为制约雷达目标识别技术应用的关键问题。此外，在样本数量缺乏的情况下，不仅难以提取有辨识度的目标特征，而且容易导致分类器在训练过程中倾向于过度关注目标的少量样本，出现过拟合的问题，即模型在少量的训练样本上识别效果良好，但是在测试集样本上的表现很差，模型的鲁棒性和泛化能力急剧下降。

目前，针对 HRRP 目标识别过程中的小样本识别问题，主要有简化模型和扩充样本数据两种方法。小样本识别问题主要发生在训练集样本的数量难以匹配样本维度的情况下。基于这个理解，在不增加样本数量的前提下，降低特征维度和模型的复杂度来简化模型的方式成为应对小样本问题的一个思路。目前常见的降低 HRRP 特征维度的方法有 LDA、PCA 和 FA 等[13-15]。这些方法通过特征提取降低数据的维度来弱化小样本问题，但是降维的过程必然伴随着信息的丢失，而丢失的信息中可能包含重要的识别特征信息，因而这些方法在不同数据集上的表现不一，识别效果不具备稳定性。简单的模型结构只需要对少量的自由参数进行估计，也意味着对样本数量的需求大大降低。然而 Gaussian 分布模型、Gamma 模型和 Gamma-Gaussian 混合模型[16-18]等自由度较低的模型对特征的表征能力较弱，容易出现欠拟合的现象，对训练样本质量的依赖度较高，识别的性能较差。在不降低模型复杂度的前提下，可以通过 Dropout 的方法在模型训练的过程中每次只更新部分参数，变相达到减少自由参数的目的。

从另一个角度考虑小样本问题，以数据增强的方法扩充训练样本集，既保证了模型对目标特征的拟合能力，又能丰富样本的特征空间，防止过拟合的现象，为小样本雷达目标识别技术的研究提供了新的方向。在图像处理领域，通常通过对图像进行旋转、翻转、缩放、平移和剪裁等几何变换实现对样本的扩充[19]。然而，由于 HRRP 数据的姿态、平移、幅度敏感性，这种数据增强的方法容易造成 HRRP 特征的破坏和丢失。不过，Zhao[20]通过添加白噪声到 HRRP 中获取不同信噪比的新数据，实现了对样本数量的扩充，同时实现了识别方法在噪声场景下的抗干扰能力。此外，近年来备受讨论和研究的生成式模型，也对 HRRP 数据样本的增扩提供了指导。目前的生成式模型多集中于对二维的光学图像研究中，针对 HRRP 这种一维图像的研究还比较少，但是一维卷积运算使得将深度学习模型应用于 HRRP 目标识别技术研究变得可行[21-25]。生成对抗网络（GAN）作为生成式模型，2014 年被提出后就迅速成为深度学习的研究热门。GAN 能够通过训练拟合输入样本数据的分布情况，生成逼近真实样本分布的高质量新样本，可以用于小样本问题的数据增强[26-30]。Zhang[31]利用 GAN 构建一个端到端的模型，实现了将受速度误差影响的低质量数据生成为完整的高质量 HRRP，提高了数据集的数量和质量。Shi[32]针对非合作目标 HRRP 数据的缺失，基于 GAN 提出一种能够生成非合作对象 HRRP 的无监督模型，提高了目标识别的准确率。Zhou[33]利用一维卷积神经网络构建 GAN 实现 HRRP 数据增强的方法，证实基于 GAN 的数据增强方法相较传统的 HRRP 数据增强方法表现良好。但是目前针对 HRRP 小样本识别问题的研究仍然比较缺乏，有待更多的学者对此问题展开深入研究。

3.1.3　主要研究内容

本章介绍一种小样本强干扰下的非合作目标探测与识别方法。在研究相干多波束测深方法基础上，分析水下噪声环境中相位差估计的误差特性。针对相位差序列带宽动态变动、易被噪声影响的特点，提出非合作目标多阶段主动探测与识别方法；通过距离感知模块与频率调节模块使声呐设备具备检测距离调节功能，配合成像数据主动校正方法使检测目标图像更加清晰。此外，提出基于光场重构和对抗网络的水下目标识别方法，运用光场重构模型将全光场有效地分为多视角光场，并对多视角下的光场依次进行重构。引用对抗网络对残缺目标数据进行生成，提高目标识别方法的准确性。

3.2　非合作目标多阶段主动探测与识别方法

3.2.1　多波束相干测深方法

声呐相干测深原理如图 3-1 所示。假设两个相隔一定距离的声学传感器接收信号的复数表示为 S_a 和 S_b，则两信号的相位差 $\Delta\phi$ 可由复信号的共轭相乘计算。由图中几何关系可得相位差 $\Delta\phi$ 和 θ 之间的关系为

$$\Delta\phi = \frac{2\pi D\cos(\theta+\psi)}{\lambda} = \frac{2\pi\delta R}{\lambda} \tag{3-1}$$

式中，D 为两传感器间隔，ψ 为基阵的倾斜角度，λ 为波长，δR 表示声程差，则被测目标 T 的垂直深度 $h = r \cdot \cos\theta$。随着波束角 θ 的变化，根据上式即可计算出整个声波照射区域的垂直测深值。

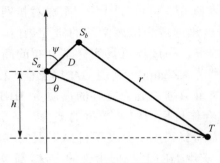

图 3-1　水下目标探测原理

在多波束相干测深系统中，将图 3-1 中的两个声学传感器用两个传感器子阵 A 和 B 代替，且将其水平放置，如图 3-2 所示。假设海底回波从 θ 方向入射，每个子阵均有 M 个阵元，阵元间距为 d，A 和 B 的起始阵元序号分别为 M_1 和 M_2；再假设两子阵各阵元的灵敏度相同，则经相位补偿后子阵 A 第 r 号波束的输出为

$$R_A\left(t,\theta,\theta_r\right) = \sum_{k=M_1}^{M_1+M-1} \mathrm{e}^{\mathrm{j}(wt+k(\phi-\phi_r))} \tag{3-2}$$

式中，$\phi = \dfrac{2\pi d}{\lambda}\sin\theta$ 为相邻阵元入射信号的相位差，$\phi_r = \dfrac{2\pi d}{\lambda}\sin\theta_r$ 为将波束控制到 θ_r 方向时相邻阵元间补偿的相移。同理，子阵 B 第 r 号波束的输出为

$$R_B\left(t,\theta,\theta_r\right) = \sum_{k=M_2}^{M_2+M-1} \mathrm{e}^{\mathrm{j}wt}\mathrm{e}^{\mathrm{j}k(\phi-\phi_r)} \tag{3-3}$$

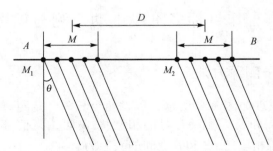

图 3-2　多波束相干测深原理

因此，子阵 A 和 B 同号波束输出的相位差和深度可表示为

$$\Delta\phi\left(\theta,\theta_r\right)=\frac{2\pi D}{\lambda}\left(\sin\theta-\sin\theta_r\right)\qquad(3\text{-}4)$$

$$h=R\cdot\cos\theta\qquad(3\text{-}5)$$

式中，$D=\left(M_2-M_1\right)a$，D 为基线长度，R 为海底被测点到声呐接收阵的距离，h 为海底深度。以上为多波束相干法测深原理和深度计算公式。随着时间的推移以及环境的变化，回波角度是不断变化的。

3.2.2　噪声环境下的相位差估计

假设海底反向散射信号以角度 θ 入射到接收线阵上，且阵元等间隔放置，那么每个阵元的输出可以表示为

$$e_k=\sin\left(wt+\phi+k\delta\right)+n_k\qquad(3\text{-}6)$$

式中，e_k 为第 k 个阵元的输出信号，w 为信号角频率，ϕ 为参考相位，δ 为相邻两个阵元上的相移（相位差），n_k 第 k 个阵元上的各种加性噪声之和。相移和波束到达角度之间的关系可以表示为

$$\delta=\frac{2\pi d}{\lambda}\sin\theta\qquad(3\text{-}7)$$

式中，λ 为波长，d 为阵元间距，θ 为回波到达角度。由于回波到达角度 θ 的估计完全取决于相位差 δ 的估计，所以下面考虑相位差 δ 测量的精度。假定每一个阵元上的噪声是独立正态分布的，可以表示为

$$n_k=u_k\cos wt+v_k\sin wt\qquad(3\text{-}8)$$

式中，u_k 和 v_k 为噪声的两个正交部分，并且满足

$$\begin{cases}\overline{u}_k=\overline{v}_k=0\\\overline{u}_k^2=\overline{v}_k^2=\overline{n}_k^2=\sigma^2\end{cases}\qquad(3\text{-}9)$$

每个阵元接收信号的信噪比可以表示为

$$\mathrm{SNR}=\frac{S}{N}=\frac{1}{2\sigma^2}\qquad(3\text{-}10)$$

从一次采样得到的一组信号 e_k 所能估计出的相位差 δ 的精度受各种噪声的影响，这里使用统计学的方法来分析相位差 δ 估计所能达到的精度值，可以把接收信号 e_k 表示为

$$e_k=x_k\cos wt-y_k\sin wt\qquad(3\text{-}11)$$

这里 x_k 和 y_k 是第 k 个阵元接收信号的两个正交部分。那么阵列采样 $\{x_k,y_k\}$ 的概率密度函数就可以表示为

$$L\left(x_{1}, y_{1}, \cdots, x_{N}, y_{N} \mid \delta, \phi\right)=\frac{1}{\left(2 \pi \sigma^{2}\right)^{N}} \prod_{1}^{N} \cdot \exp \left\{\frac{\left[x_{k}-\cos (k \delta+\phi)\right]^{2}+\left[y_{k}-\sin (k \delta+\phi)\right]^{2}}{2 \sigma^{2}}\right\}$$

$$（3-12）$$

用联合的估计方式，由克拉美罗界可得，δ 的无偏估计 δ^* 满足不等式

$$\sigma_{\delta^*}^{2} \geqslant \frac{E\left\{\left(\dfrac{\partial \log L}{\partial \phi}\right)^{2}\right\}}{E\left\{\left(\dfrac{\partial \log L}{\partial \phi}\right)^{2}\right\} \cdot E\left\{\left(\dfrac{\partial \log L}{\partial \delta}\right)^{2}\right\}-\left[E\left\{\dfrac{\partial \log L}{\partial \phi} \cdot \dfrac{\partial \log L}{\partial \delta}\right\}\right]^{2}} \qquad （3-13）$$

由于每个接收阵元上的噪声是相互独立的，两个噪声的正交部分也是独立的，最终相位差 σ_{θ^*} 可表示为

$$\sigma_{\theta^*} \geqslant \frac{\lambda}{2 \pi d \cos \theta} \sqrt{\frac{6}{N\left(N^{2}-1\right) \mathrm{SNR}}} \qquad （3-14）$$

可以看出，在回波角度和阵列流型固定的情况下，多波束测深系统海底回波 DOA 的估计误差与接收信号的信噪比成反比，要减小测量误差就必须增大接收信号的信噪比值。

3.2.3　多波束相干测深方法的误差估计

假设多波束相干测深方法相位差测量的误差为 $\delta \Delta \phi$，则对应的角度估计误差为

$$\delta \theta=\delta \Delta \phi \lambda /(2 \pi D \cos \theta) \qquad （3-15）$$

从上式中可以看出角度估计的精度与相位差测量的精度成正比，而相位差测量的精度取决于接收阵的输出信噪比。海底反向散射信号是起伏多变的，在瑞利分布的假设下，相位差的标准方差和信噪比的关系为

$$\delta \Delta \phi=\frac{2}{\sqrt{\mathrm{SNR}}} \qquad （3-16）$$

式中，$\mathrm{SNR}=\mathrm{SNR}_{0} G_{D}$ 为阵列的输出信噪比，则多波束相干测深方法角度估计误差与接收阵的接收信噪比之间有如下关系

$$\delta \theta=\frac{1}{\pi \sqrt{\mathrm{SNR}_{0} G_{D}}} \cdot \frac{\lambda}{D} \cdot \frac{1}{\cos \theta} \qquad （3-17）$$

式中，SNR_{0} 为接收换能器接收信号的信噪比，G_{D} 是接收阵的指向性因素，在工程中可以利用下式计算指向性因素的值

$$G_D = \frac{4\pi S}{\lambda^2} \qquad\qquad (3\text{-}18)$$

式中，S 为接收基阵的有效面积，假设每个子阵相干阵元个数为 N，阵元间距为 $\lambda/2$，线阵的横向尺寸为 $\lambda/4$，则指向性因素为

$$G_D = N\pi/4 \qquad\qquad (3\text{-}19)$$

最终可写成以下形式

$$\delta\theta = \frac{1}{\pi\sqrt{N\pi\mathrm{SNR}_0 G_D/4}} \cdot \frac{\lambda}{D} \cdot \frac{1}{\cos\theta} \qquad\qquad (3\text{-}20)$$

3.2.4　多阶段目标自主探测方法

多波束声呐在对水下目标进行探测的过程中，目标位置及状态的未知性，使得单一模式下的声呐采集信息单一，或者造成采集信息误差较大的情况。本节提出非合作目标多阶段主动探测与识别方法原理为：当非合作目标处于警戒状态时，声呐工作频率降低，在保证信息准确的前提下尽可能地增大警戒范围；当发现目标时，多波束声呐对目标的位置与状态进行初步估计，然后调整适合当前目标状态的工作频率，即多波束声呐工作频率调整阶段。当声呐调整至适当的工作频率后，系统对采集的信息进行成像数据主动校正，降低成像过程中各通道的幅度和相位差对成像数据的影响。通过非合作目标多阶段主动探测与识别方法对水下目标进行识别，使识别方法的准确率与成功率更高。

3.2.4.1　多波束声呐工作频率调整

主动声呐系统常使用线性调频（Linear Frequency Modulated, LFM）信号对水下目标进行探测与参数估计。实际应用中，根据 LFM 信号的宽多普勒容限特性，通常选取零多普勒速度的单个副本信号和接收回波进行匹配滤波。为提升主动声呐系统的距离和速度分辨率，通常会增大发射信号的时间带宽积。LFM 信号时间带宽积的增加导致信号多普勒容限变化，多普勒效应带来的影响不可忽略。单副本匹配滤波处理方法会降低系统检测性能并带来距离估计偏差，而且也无法获得目标速度信息。分数阶傅里叶变换（Fractional Fourier Transform, FrFT）作为一种线性时频分析工具，在处理 LFM 信号时具有独特优势。将 FrFT 及改进方法应用于处理 LFM 回波，可获得较为准确的目标参数估计值。同时，利用 FrFT 处理 LFM 回波能提高系统检测性能，实现对目标回波时延和目标速度的有效估计。

主动声呐发射信号的脉宽增加时，若按窗处理接收回波，为了完整捕获目标回波，处理窗宽度需相应增大。此外，脉宽增加带来的速度分辨率提高使得系统

可以在设定速度范围内实现更精细的搜索。本节通过对 LFM 信号时频特性直线在分数阶域的投影进行修正，利用 FrFT 方法处理带通采样回波数据时，可获得更为精确的目标参数估计。

FrFT 是传统傅里叶变换的广义形式，可以理解为信号在时频二维平面上进行逆时针旋转。信号 $x(t)$ 的 p 阶连续 FrFT 线性积分形式定义为

$$X_a(u) = F^p[x(t)](u) = \int_{-\infty}^{+\infty} K_a(u,t) x(t) \mathrm{d}t \qquad (3\text{-}21)$$

式中，积分核为

$$K_a(u,t) = \begin{cases} A_a \exp\left(\mathrm{j}\dfrac{u^2+t^2}{2}\cot a - \mathrm{j}ut\csc a \right), & a \neq k\pi \\ \delta(u-t), & a = 2k\pi \\ \delta(u+t), & a = (2k+1)\pi \end{cases} \qquad (3\text{-}22)$$

式中，$A_a = \sqrt{(1-j\cot a)/(2\pi)}$ 表示复幅度因子，k 为整数，u 表示分数阶傅里叶域，$a = p\pi/2$ 表示时频平面的旋转角度。由于 LFM 信号在分数阶域上具有很强的聚集特性，利用 FrFT 方法对 LFM 信号进行检测与参数估计时具有独特的优势。将 FrFT 方法应用于主动声呐目标探测时，利用 FrFT 估计出的 LFM 脉冲回波参数可以计算出目标距离和速度。

执行 FrFT 运算前，先对波束加权输出实数数据进行 Hilbert 变换为复数数据，再以变换阶数 p 为变量，对复数数据进行不同变换阶数的 FrFT 运算，输出结果构成变换阶数-分数阶域二维平面（(p,u) 平面）的形式。对 FrFT 输出结果进行归一化运算后，从 (p,u) 平面中搜索最大值，并与设定门限进行比较。若最大值超过判决门限，则根据门限值 $(\hat{p}_0, \hat{u}_0)$ 计算出 LFM 信号调频斜率 $\hat{k}_0$ 和中心频率 $\hat{f}_c$，进而得到目标距离与目标速度的估计信息。从而声呐可根据目标的估计信息对适用频率进行调节，使得工作频率更适用于当前目标状态。具体工作流程如图 3-3 所示。

3.2.4.2　多波束成像数据主动校正

由于实际海洋环境和多波束测深声呐自身的复杂性，系统接收到的回波强度不仅取决于目标的材质特征，还受到其他诸多因素的影响，例如，声脉冲发射功率、脉冲长度、入射角度、声能传播损失、波束图、接收阵增益、有效声照射面积、海底坡面、体积混响、环境噪声等。因此，在进行水下声呐成像、特征分类之前必须对回波强度进行修正，估计出能真实反映海底特征的反向散射强度。

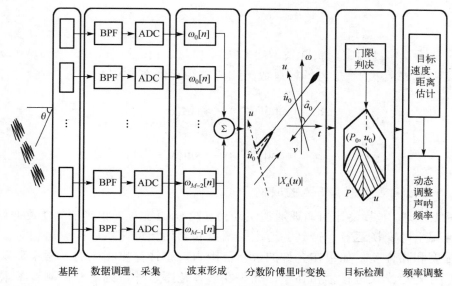

图 3-3　多波束声呐工作频率调整流程图

主动校正方法，顾名思义就是对各路调理通道主动输入相同的标准源信号，然后数字信号处理模块在显控终端的控制下将对应通道的 AD 采样数据进行上传，计算出各通道相对于参考通道的相位和幅度差，最后在信号处理过程中分别进行补偿。

假设系统的 N 路通道依次为 $1\#,2\#,3\#,\cdots,N\#$，各通道的 A/D 采集数据记为

$$s(t)=\left|s(t)\right|\mathrm{e}^{\mathrm{j}(\omega t+\varphi_0)} \tag{3-23}$$

式中，ω、φ 分别为对应通道的信号角频率和初始相位。通道之间存在幅相不一致，所以 N 路通在 A/D 采集之后得到的输出依次记为

$$\begin{cases} s_1(t)=A_1s_1(t)\mathrm{e}^{\mathrm{j}\varphi_1} \\ s_2(t)=A_2s_2(t)\mathrm{e}^{\mathrm{j}\varphi_2} \\ \qquad\vdots \\ s_N(t)=A_Ns_N(t)\mathrm{e}^{\mathrm{j}\varphi_N} \end{cases} \tag{3-24}$$

式中，A_i、$\varphi_i(i=1,2,3,\cdots,N)$ 分别为对应通道信号的增益和初始相位，采用 1 号通道作为参考，则各通道的幅度差 Δ_{amp} 与相位差 Δ_{rad} 分别为

$$\Delta_{\mathrm{amp}}=\frac{A_1}{A_i},\quad \Delta_{\mathrm{rad}}=\varphi_1-\varphi_i \tag{3-25}$$

可以得到在信号处理过程中对各通道的补偿系数

$$w_i = \frac{A_1}{A_i} e^{j(\varphi_1 - \varphi_i)}, \quad i = 2,3,\cdots,N \tag{3-26}$$

在系统工作过程中，实际发送给 FPGA（Field Programmable Gate Array）的幅相校正系数乘以 2^{14} 是为了将系数转化成整数存储在 FPGA 中。

$$\begin{cases} a_r = \mathrm{round}\left(2^{14} \times \frac{A_1}{A_i} \times \cos(\varphi_1 - \varphi_i) \right) \\[2mm] a_i = \mathrm{round}\left(2^{14} \times \frac{A_1}{A_i} \times \sin(\varphi_1 - \varphi_i) \right) \end{cases} \tag{3-27}$$

式中，$\mathrm{round}(\cdot)$ 表示四舍五入的取整方式。

综上所述，本节设计的调理通道主动校正方法通过对采集到的 AD 数据做 256 点快速傅里叶变换运算，得到各通道的增益和初始相位，然后计算出相对参考通道的幅度和相位差，如果在允许的误差范围内，则计算出相应的补偿系数发送给数字信号处理模块进行幅相补偿，如果在误差范围以外，则需要检测设备重新对数据进行采集。

3.3　基于强化迁移学习的水下目标回波信号特征提取方法

3.3.1　基于样本数据集的目标特征提取

实现高效识别的关键在于对水下目标特征的有效采集与提取。但是在实际应用中，识别的准确率会受到水下环境的影响。

本节基于卷积神经网络对训练样本进行目标特征提取，并对方法进行训练；同时，基于小波变换和仿射不变性对采集的目标信息进行特征融合，使方法能够提取更加完整的特征信息。

假设连续图像的函数表达式为 $f(x,y)$，其中一个特征向量记为 $F = \left[f_1, f_2, \cdots, f_{(N-1)}, f_N \right]$，$M$ 幅图像中的一个特征向量为 $F_i = \left[f_{i1}, f_{i2}, \cdots, f_{i(N-1)}, f_{iN} \right]$。利用 $f_{\mathrm{normal}}(x,y) = f\left(\dfrac{x - \bar{x}}{\kappa}, \dfrac{y - \bar{y}}{\kappa} \right)$ 计算特征 $f(x,y)$ 的中心点 $(\bar{x}, \bar{y})$，κ 为比例系数。基于 6 维仿射不变性对 $(p+q)$ 阶中心矩 u_{pq} 进行归一化。

为了更好地保存特征，由直角坐标系和极坐标的转换关系 $x = r\cos\theta$，$y = r\sin\theta$，计算极坐标下的矩特征。简化特征提取难度，降低计算复杂度。假设图像大小为 $N \times N$，主动探测单元间隔 $\Delta\theta = 2\pi / N$，则角度积分 $S_q(r)$ 计算如下

$$S_q(r) = \frac{1}{N} \sum_{m=0}^{N-1} f_{\text{normal}}(r,m) \mathrm{e}^{-\frac{\mathrm{j}2\pi mq}{N}}, \quad q = 0,1,\cdots,N \qquad （3\text{-}28）$$

式中，$S_q(r)$ 表示 $f(r,\theta)$ 在整个相位空间 $(0 \leqslant \theta \leqslant 2\pi)$ 中第 q 个频域特征，m 为尺度因子，$\mathrm{e}^{-\mathrm{j}q}$ 表示变换核的角度分量。

将小波基函数 $\psi_{m,n}(r)$ 与角度积分 $S_q(r)$ 在 $r \in [0,1]$ 做内积，即经过小波变换得到小波不变矩阵特征值为

$$\|F_{m,n,q}\| = \left\| \frac{1}{N} \sum_{r=0}^{1} \sum_{m=0}^{N-1} f_{\text{normal}}(r,m) \mathrm{e}^{-\frac{\mathrm{j}2\pi mq}{N}} \psi_{m,n}(r) r \right\| \qquad （3\text{-}29）$$

如果将选择后的小波矩阵和仿射不变矩阵直接组合，会得到一组新的特征 $\varPhi$。由于两种不同的特征之间存在差异，需要对组合特征 $\varPhi$ 进行归一化处理，实现不同特征的融合。具体公式如下

$$\varPhi = \frac{2\varPhi_i - \max(\varPhi) - \min(\varPhi)}{\max(\varPhi) - \min(\varPhi)} \qquad （3\text{-}30）$$

即将 $\varPhi$ 作为目标特征存入源域，降低不同角度提取目标时造成图像的平移、旋转和尺度缩放变化等影响。

3.3.2　超分辨率重建

对于一幅给定的低分辨率（Low-Resolution, LR）声呐图像 g_l，在超分辨率重建时，为了避免由 g_l 和高分辨率（High-Resolution, HR）图像 f_h 的分辨率不同带来的复杂性，将 g_l 进行插值放大恢复到与 f_h 相同大小，尺度恢复后图像可表示为

$$f_l = Wg_l = WSHf_h + v = Lf_h + v \qquad （3\text{-}31）$$

式中，W 为内插上采样算子，$L = WSH$ 为全局算子。

假设 p_k^h 是从 HR 图像 f_h 中提出的大小为 $\sqrt{n} \times \sqrt{n}$ 的图像块，它可以在字典 $D_h \in \mathbf{R}^{n \times m}$ 上由 $q \in \mathbf{R}^m$ 稀疏表示，即 $p_k^h = D_h q$。对应的低分辨率图像块 p_k^l 是从 f_l 中相同的位置提取的。

由于算子 L 把高分辨率图像 f_h 变为了低分辨率图像 f_l，所以有

$$p_k^l = \tilde{L} p_k^h + \tilde{v}_k \qquad （3\text{-}32）$$

式中，局部算子 $\tilde{L}$ 是 L 的一部分，$\tilde{v}_k$ 为图像块的加性噪声。

将 $p_k^h = D_h q$ 两边乘上 $\tilde{L}$ 可得

$$\tilde{L} p_k^h = \tilde{L} D_h q \qquad （3\text{-}33）$$

代入关系式 $p_k^l = \tilde{L} p_k^h + \tilde{v}_k$，有

$$\tilde{L} D_h q = \tilde{L} p_k^h = p_k^l - \tilde{v}_k \tag{3-34}$$

即有

$$\left\| p_k^l - \tilde{L} D_h q_2 \right\| \leqslant \varepsilon \tag{3-35}$$

式中，ε 为误差阈值。可知，低分辨率图像块 p_k^l 能够在字典 $D_l = \tilde{L} D_h$ 上利用相同的稀疏向量 q 进行表示。对于从 f_l 中提取的图像块 p_k^l，用训练得到的低分辨率字典 D_l 对其进行稀疏编码，q_k 与高分辨率字典 D_h 相乘来重建高分辨率图像块 p_k^h，即可还原得到重建的高分辨率图像 $\hat{f}_h$，超分辨率重建就是进行空间非线性滤波来使 f_l 锐化。

3.3.3　目标特征相似度量

水下目标特征的提取主要是对提取的目标特征与存储的特征相似度对比的过程。假设特征向量各元素之间的联系与尺度和测量单位无关，通过度量两个特征向量的马氏距离，衡量两个特征的相似性。

假设有 n 个样本，每个样本有 m 维，则数据集矩阵 X 为

$$\begin{pmatrix} x_{11} & x_{12} & \cdots & x_{1m} \\ x_{21} & x_{22} & \cdots & x_{2m} \\ \vdots & \vdots & & \vdots \\ x_{n1} & x_{n2} & \cdots & x_{nm} \end{pmatrix} \tag{3-36}$$

式中，每一行表示一个测试样本，共 n 个，记为 $X_i = (x_{1i}, x_{2i}, \cdots, x_{mi})^T$，$i = 1, 2, \cdots, m$。数据集矩阵可简记为 $X = (X_1, X_2, \cdots, X_m)$。

样本的总体均值为

$$\mu_X = (\mu_{X1}, \mu_{X2}, \cdots, \mu_{Xm}) \tag{3-37}$$

式中

$$\mu_{Xi} = \frac{1}{n} \sum_{k=1}^{n} x_{ki}, \quad i = 1, 2, \cdots, m \tag{3-38}$$

数据集矩阵的协方差为 $\varSigma_X = \frac{1}{n}(X - \mu_X)^T (X - \mu_X)$，则任意两个特征向量的马氏距离为

$$d_M(x, y) = \sqrt{(x, y)^T \varSigma_X^{-1}(x - y)} \tag{3-39}$$

通过计算马氏距离 d_M^2，可以得出目标特征与源域存储特征的相似度。相似度较大时，可直接迁移源域特征对目标进行识别，若相似度较小，可通过学习算法对特征进行学习，增加算法对目标识别的鲁棒性。

3.3.4　基于迁移强化学习的目标特征优化

由于水下环境复杂，且目标的训练样本较少，特征提取方法无法满足多样的目标类型。所以本节提出迁移强化学习方法。本方法首先访问存储器，通过相似度量模型计算目标域与源域的相似度。若目标域与源域相似度大于阈值 τ，可直接通过特征迁移对目标进行提取。若相似度小于阈值 τ，则需要通过强化学习对当前目标图像进行训练。训练后得到的目标特征存入源域，扩充源域内的特征数据。

对当前目标特征与源域内存储的特征进行相似度比较，根据相似度大小选择对应识别策略，如下

$$\begin{cases} d_M\left(M_S,M_T\right) \geqslant \tau, & \text{迁移学习} \\ d_M\left(M_S,M_T\right) < \tau, & \text{强化学习} \end{cases} \tag{3-40}$$

式中，$d_M\left(M_S,M_T\right)$ 表示检测目标特征与源域存储特征的相似度。当源域与目标域特征的相似度大于等于阈值 τ 时，直接通过迁移学习进行目标识别；当源域与目标域的相似度小于阈值 τ 时，通过强化学习训练与之相对应的目标特征。

当 $d_M\left(M_S,M_T\right) \geqslant \tau$ 时，由于水下动态环境、目标及环境信息时刻发生着微小的变化，本次迁移学习引用深度置信网络寻求从显层到隐层之间的概率分布。其中隐层由重叠的限制波尔兹组成（Restricted Boltzmann Machines, RBMs），逻辑回归层采用经典的反向传播（Back-Propagation, BP）神经网络对整个深度网络进行有监督地微调。整个迁移学习过程主要通过构造能量函数来实现，具体可描述为

$$\begin{cases} E\left(v,h\right) = -\sum_{i=1}^{n_v} b_i v_i - \sum_{j=1}^{n_h} c_j h_j - \sum_{i=1}^{n_v} \sum_{j=1}^{n_h} h_j W_{ij} v_i \\ P\left(v,h\right) = \dfrac{\exp\left(-E\left(v,h\right)\right)}{E_\Phi} \\ E_\Phi = \sum_v \sum_h \exp\left(-E\left(v,h\right)\right) \end{cases} \tag{3-41}$$

式中，$E\left(v,h\right)$ 表示显层 v 至隐层 h 的能量函数，$P\left(v,h\right)$ 表示概率分布，v_i 表示显层第 i 个单元，h_j 表示隐层第 j 个单元，W_{ij} 表示显层单元 v_i 与隐层单元 h_j 之间的

连接权值，b_i、v_i 表示显层和隐层的偏置值，n_v、n_h 表示显层和隐层的单元数量。

在初步训练完成后，可以通过反馈微调整网络参数 (W,b,c) 进行调整，降低特征矩阵的预测误差。假设 Q_{st} 为源任务的最优特征矩阵，迁移至新的任务特征矩阵可表示为

$$Q_{nt}^i = f_i(W,b,c,\varphi), \quad i \in \{1,2,\cdots,N\} \tag{3-42}$$

式中，Q_{nt}^i 表示 AUV$_i$ 通过迁移学习得到新的特征矩阵，φ 表示新任务的特征信息。

当 $d_M(M_S,M_T) < \tau$ 时，基于卷积神经网络和 Q 学习相结合的网络模型对目标进行识别。将目标特性映射为 Q 学习中的动作种类，记为 $a_t = \{a_1,a_2,\cdots,a_n\}$，其中 n 为特征个数。假设在环境 ε 下有一系列的动作 a_t 和奖励值 r_t。系统随机选择一个动作，输入层获得一个图像样本 x_t，x_t 表示该训练样本原始像素值组成的向量。经过神经网络前向传播后，系统会获得一个奖励 r_t，r_t 表示对样本的拟合程度。

设 γ 为折扣系数，$Q^*(s',a')$ 表示序列 s' 在下一轮次动作 a' 的最优值，选择动作 a' 最大化 $r+\gamma Q^*(s',a')$ 的期望值可表示为

$$Q^*(s,a) = E_{s'\sim\varepsilon}\left[r + \gamma \max_{a'} Q^*(s',a')|s,a\right] \tag{3-43}$$

在实际应用中，通过损失函数 $L_j(\theta_j)$ 进行训练，损失函数每次迭代 j 进行如下更新

$$L_j(\theta_j) = E_{s,a\sim\rho(\cdot)}\left[\left(y_j - Q(s,a;\theta_j)\right)^2\right] \tag{3-44}$$

第 i 次训练的目标特征输出函数为

$$y_j = E_{s'\sim\varepsilon}\left[r + \gamma \max_{a'} Q^*(s',a';\theta_{j-1})|s,a\right] \tag{3-45}$$

式中，$\rho(s,a)$ 是 s 和动作 a 的概率密度分布。y_i 表示对识别目标进行强化学习提取的新特征。

3.4　基于光场重构与对抗神经网络的水下目标识别方法

实际水下场景中，很难获取一个目标的完整光场。在重构过程中大量的数据会导致误差增加等问题，造成基于光场重构的实时性和识别准确度不理想。因此，本节提出基于光场重构与对抗神经网络的水下目标识别方法，运用光场重构模型将全光场有效地分为多视角光场，并对多视角下的光场依次进行重构；同时，引用对抗神经网络对残缺目标数据进行生成，提高目标识别方法的准确性。

3.4.1　光场重构模型的建立

将斯坦福大学光场库的 Lego Bulldozer 作为给定图像表示为权重图 $G=(v,\varepsilon)$，节点 v 表示图像中的像素点，光场域 ε 表示邻域结构的选择，域的权重为 $e_{ij}\in\varepsilon$。定义每个节点 $i\in v$ 的二元标记为 $y_i=\in\{0,1\}$，$y_i=1$ 表示属于目标，$y_i=0$ 表示属于背景。将每个视角光场阈值 C 定义为 $C:\Omega\rightarrow\mathbf{R}^2$，那么最小化适合的泛函 $E(C)$ 为

$$E(C)=\int_C -\left|\nabla I\left(C(\varepsilon)\right)\right|^2+\alpha\left|C_\varepsilon(\varepsilon)\right|^2+\beta\left|C_{\varepsilon\varepsilon}(\varepsilon)\right|^2\,\mathrm{d}\varepsilon \tag{3-46}$$

式中，∇I 为阈值位于灰度梯度区域内的标准，α 为随机参数，β 为加权函数。在阈值中加入特定的参数，即最小化如下泛函计算灰度函数 I 的分段平滑近似值 u

$$E(C)=\int_\Omega (u-I)^2\,\mathrm{d}x+\lambda\int_{\Omega-C}|\nabla u|^2\,\mathrm{d}x+v\,|C| \tag{3-47}$$

式中，第一项在输入的光场图像中加入与阈值近似值 u，对阈值边缘加权进行评判。

令 $I:\Omega\rightarrow\mathbf{R}$ 在域上是灰度值输入图。

$$\min_\Omega\left\{\frac{1}{2}\sum_{t=0}^{k}\mathrm{per}_g\left(\Omega_i;\Omega\right)+\sum_{i=0}^{k}\int_{\Omega_i}f_i(x)\mathrm{d}x\right\}\bigcup_{i=0}^{k}\Omega_i=\Omega,\quad\Omega_s\bigcap\Omega_t,\quad\forall s\neq t \tag{3-48}$$

将图像分割的凸表示引入到多视角光场重构中。首先将上式中的区域 Ω_i 由标记函数 $u:\Omega\rightarrow\{0,\cdots,k\}$ 表示，其次用 k 个二值函数 $\theta(x)=\left(\theta_1(x),\cdots\theta_k(x)\right)$ 等价表示此多标记函数

$$\theta_i(x)=\begin{cases}1,&u(x)\geqslant l\\0,&\text{其他}\end{cases} \tag{3-49}$$

再通过式（3-50）从这些函数中依次恢复标记函数 u

$$u(x)=\sum_{i=1}^{k}\theta_i(x) \tag{3-50}$$

因此得到分割为 i 个视角下的光场模型。根据多视角模型的建立，本节采用小波变换与稀疏傅里叶相结合的光场重构方法对多视角光场进行重构。原始光场成像是一个 (x,y) 成像网格，每幅图像代表到达成像面某个微透镜的光线来自主镜头不同的 (u,v) 位置。

原始图像是由一系列像素点构成，每个像素点都是微透镜成像。因为孔径是有限的，所以每个微透镜都有一定的视场，不同微透镜之间有一定的视差，就是

从一定距离的两个点观察同一个目标所产生的方向差异，像平面上的一点的辐射来自于镜头上所有辐射的权重积分

$$E_F(x,y) = \frac{1}{F^2} \iint L_F(x,y,u,v)\cos^4\theta \mathrm{d}u\mathrm{d}v \qquad (3\text{-}51)$$

式中，$L_F(x,y,u,v)$ 是距离目标平面为 F 的光场参数，$\cos\theta$ 是光学渐晕效应的衰减因子

$$
\begin{aligned}
L_F(x',y',u,v) &= L_F\left(u + \frac{x'-u}{\alpha}, v + \frac{y'-v}{\alpha}, u, v\right) \\
&= L_F\left(u\left(1-\frac{1}{\alpha}\right) + \frac{x'}{\alpha}, v\left(1-\frac{1}{\alpha}\right) + \frac{y'}{\alpha}, u, v\right)
\end{aligned} \qquad (3\text{-}52)
$$

将 $(x,y,u,v) \rightarrow (x',y',u,v)$，那么就可以得到任意平面上的点成像函数

$$E_{(\alpha,F)}(x',y') = \frac{1}{\alpha^2 F^2} \iint L_F\left(u\left(1-\frac{1}{\alpha}\right) + \frac{x'}{\alpha}, v\left(1-\frac{1}{\alpha}\right) + \frac{y'}{\alpha}, u, v\right) \mathrm{d}u\mathrm{d}v \qquad (3\text{-}53)$$

基于上述方法，可将各个视角光场通过四维傅里叶变换得到图像的频域信息，然后对其进行中心切片及小波反变换，依次重构并得出各视角重构后的光场。

3.4.2 对抗神经网络模型

生成对抗神经网络可对样本的特征数据进行增强，有效提高目标识别的准确性。然而，生成对抗神经网络本身稳定性不足，容易出现梯度消失，无法更新网络权值，最终只能生成模式较为单一的数据。因此，本节针对生成对抗神经网络稳定性不足的缺点，对基于特征子空间的生成对抗神经网络的训练方式进一步改进：使用反馈调节的训练方法，防止梯度消失，提高网络的稳定性。

生成网络输入先验分布 $z \sim p(z)$ 的随机数，通过神经网络的运算输出生成 $g_0(z)$ 的生成数据（其中 g_0 是生成网络的网络权值）。GAN 的训练过程就是将生成数据 $g_0(z)$ 的分布 $P_{\mathrm{generate}}(x)$ 与数据的真实分布 $P_{\mathrm{real}}(x)$ 靠近的过程，而两个分布的靠近过程也就是最小化的过程

$$\mathrm{KL}\left(P_{\mathrm{real}} \| P_{\mathrm{generate}}\right) = \int_x^\infty P_{\mathrm{real}}(x)\log\frac{P_{\mathrm{real}}(x)}{P_{\mathrm{generate}}(x)}\mathrm{d}x \qquad (3\text{-}54)$$

最小化上述公式的结果在 $P_{\mathrm{real}}(x) = P_{\mathrm{generate}}(x)$ 时取得，与现实情况（当生成网络的生成数据的数据分布与原始样本数据的数据分布完全一致时 GAN 训练完成）一致。当 $P_{\mathrm{real}}(x) > P_{\mathrm{generate}}(x)$ 时，x 点来源于真实样本数据的概率更大，若

$P_{\text{generate}}(x) \to 0$，则 KL 距离饱和，网络权值难以更新；当 $P_{\text{real}}(x) < P_{\text{generate}}(x)$ 时，x 点来源于生成数据的概率更大，若 $P_{\text{real}}(x) \to 0$，则距离饱和，网络权值难以更新。

利用折中的处理方法，令 $P_{\text{average}}(x) = P_{\text{real}}(x)/2 + P_{\text{generate}}(x)/2$ 可得新的损失函数如下

$$\text{JSD}\left(P_{\text{real}} \parallel P_{\text{generate}}\right) = \frac{1}{2}\text{KL}\left(P_{\text{real}} \parallel P_{\text{average}}\right) + \frac{1}{2}\text{KL}\left(P_{\text{generate}} \parallel P_{\text{average}}\right) \qquad （3-55）$$

这样的方式在一定程度上改善了梯度消失的问题，然而没法解决梯度消失的根本问题。在实际训练过程中需要分别更新判别网络和生成网络。因此，将损失函数拆分为判别网络的损失函数值 err_{d} 和生成网络的损失函数值 err_{g}，分别如下

$$\text{err}_{\text{d}} = -\frac{1}{m}\sum_{i=1}^{m}\left[\log D(x_i) + \log\left(1 - D(G(z_i))\right)\right] \qquad （3-56）$$

$$\text{err}_{\text{g}} = -\frac{1}{m}\sum_{i=1}^{m}\log\left(D(G(z_i))\right) \qquad （3-57）$$

式中，z_i 为输入的噪声，$G(z_i)$ 为生成数据，$D(x_i)$ 为判别网络对真实数据的判别结果，$D(G(z_i))$ 为判别网络对生成数据的判别结果。其中，$D(x_i) \in [0,1]$，$D(G(z_i)) \in [0,1]$。对于任意一组输入到判别网络的真实数据 x_i 和生成数据 $G(z_i)$，当判别网络分类性能最好时，输出结果 $D(x_i) = 1, D(G(z_i)) = 0$，此时 $\log D(x_i) = 0$，$\log\left(1 - D(G(z_i))\right) = 0$，所以 $\text{err}_{\text{d}} = 0$。当判别网络的分类性能稍差时，$D(x_i) < 1$，$G(z_i) > 0$，此时 $\text{err}_{\text{d}} > 0$，随着判别网络的分类性能变差，$\text{err}_{\text{d}}$ 逐渐增大。err_{d} 的值越小，判别网络的分类能力越强。同理，err_{g} 的值越小，生成网络的生成能力就会越强，该模型生成的样本识别准确率会更高。

3.4.3　基于光场重构与对抗神经网络的水下目标识别方法

将各视角检测得到的目标物信息进行融合，通过各视角光场对捕获信息的支持度，得出所有视角观测信息一致性均值。根据各视角光场可信度分配阈值进行信息融合，去除重叠、高噪声等信息。

$z_i(k)$ 表示第 i 个视角光场在 k 时刻的信息观测值，$z_j(k)$ 表示第 j 个视角在 k 时刻的信息观测值，$v_i(k)$ 表示 k 时刻的观测噪声，所以任意时刻各视角支持度为

$$a_{ij}(k) = \frac{\left|z_i(k), z_j(k)\right|}{v_i(k) \times u'_{uij}} \mp (f'_{ghj} \times B'_{gjkk})^n \qquad （3-58）$$

式中，u'_{uij} 表示各视角同一时刻观测值的支持度，f'_{ghj} 表示各视角观测衰减函数，

B'_{gjkk} 表示各视角组成的阵列。

$r'_i(k)$ 表示对各视角观测信息一致性，ϖ'_{fgjk} 表示整个观测空间上各视角的可靠性，μ'_{fgp} 表示各视角的观测信息变量，利用以下公式对空间内所有视角观测信息进行融合

$$W'_{asij} = \frac{\mu'_{fgp} \times \varpi'_{fgjk}}{r'_i(k)} \mp \frac{i'_{hjk} \pm p'_{jk}}{l'_{jh}} \qquad (3\text{-}59)$$

式中，i'_{hjk} 表示不同的时刻各光场观测信息一致性序列，l'_{jh} 表示各光场观测一致性方差，p'_{jk} 表示 k 时刻第 i 个视角观测信息的加权系数。

p'_{hjk} 表示各视角光场信息的概率分布函数，p'_{hj} 表示各视角光场的特性函数，l'_{asij} 表示第 i 个视角观测下信息相对于第 j 个视角观测信息的置信距离，给出所有视角光场观测信息的一致性均值

$$E'_{sdnn} = \frac{p'_{hjk} \times p'_{hj} \pm \{i, j\}}{l'_{asij} \times a_{ij}(k)} \times W'_{asij} \qquad (3\text{-}60)$$

χ''_{poij} 表示多视角光场数据的基本可信度分配阈值，则利用下式完成对分布式多视角数据集信息融合

$$b'_{ijhf} = \frac{\chi''_{poij} \mp c'_{kl}}{E'_{sdnn}} \times W'_{asij} \qquad (3\text{-}61)$$

根据上述公式对各视角下光场获取的水下机动目标信息进行融合，最后得出水下机动目标在多视角光场下的观测值。

由于水下机动目标运动模型是未知的，而且目标会随着时间变化而变化，所以任何单一目标运动模型都难以描述实际的目标移动状态。机动目标状态估计是通过引入多个目标运动模型，并对每个运动模型的状态估计按一定的概率加权来实现对机动目标的检测。

水下机动目标状态估计流程：假设已经得到 k 时刻的目标状态 $\hat{x}^i_k$、协方差 P^i_k、模型概率 μ^i_k。根据全部概率模型，状态 x 的条件概率函数可以分解为

$$
\begin{aligned}
P\left(x_k \big| Z^k\right) &= \sum_{j=1}^{r} P\left(x_k \big| m^j_k, Z^k\right) P\left(m^j_k \big| Z^k\right) \\
&= \sum_{j=1}^{r} P\left(x_k \big| m^j_k, z_k, Z^{k-1}\right) \mu^j_k
\end{aligned}
\qquad (3\text{-}62)
$$

式中，m^j_k 表示 k 起作用的模型，Z^k 表示到 k 时刻为止捕获的测量信息。状态的模型条件后验概率函数为

$$P\left(x_k \middle| m_k^j, z_k, Z^{k-1}\right) = \frac{P\left(z_k \middle| m_k^j, x_k\right)}{P\left(z_k \middle| m_k^j, Z^{k-1}\right)} P\left(x_k \middle| m_k^j, Z^{k-1}\right) \tag{3-63}$$

整合各视角的协方差和状态估计

$$\hat{x}_k = \sum_{i=1}^{r} \hat{x}_k^i \mu_k^i \tag{3-64}$$

$$P_k = \sum_{i=1}^{r} \mu_k^i \left[P_k^i + \left(\hat{x}_k^i - \hat{x}_k\right)\left(\hat{x}_k^i - \hat{x}_k\right)^{\mathrm{T}} \right] \tag{3-65}$$

通过引入多个机动目标运动模型，对每个模型概率加权，最后实现对水下目标的检测与识别。

3.4.4　水下目标状态估计

滤波是目标状态估计的重要一环，它决定了当前时刻目标运动的各项参数，如位置、速度、加速度等，常用的滤波算法有 α-β 滤波、卡尔曼滤波（Kalman Filter，KF）以及粒子滤波（Partical Filter，PF）。经由卡尔曼滤波发展而来的扩展卡尔曼滤波（Extended Kalman Filter，EKF）、无迹卡尔曼滤波（Unscented Kalman Filter，UKF）在实际系统中被广泛应用。针对本节所涉及的水下环境，采用 α-β 滤波对目标信息进行估计。

数据关联后用新的点迹更新和改善目标状态量，即通过前一个时刻的状态量和当前时刻的观测量估计当前时刻的状态量，滤波方程如下

$$\begin{cases} \hat{X}_k = \hat{X}_{\frac{k}{k-1}} + \alpha\left(Z_k - \hat{X}_{\frac{k}{k-1}}\right) \\ \hat{V}_k = \hat{V}_{\frac{k}{k-1}} + \dfrac{\beta\left(Z_k - \hat{X}_{\frac{k}{k-1}}\right)}{T} \end{cases} \tag{3-66}$$

式中，位置和速度的预测值为

$$\begin{cases} \hat{X}_{\frac{k}{k-1}} = \hat{X}_{k-1} + T\hat{V}_{k-1} \\ \hat{V}_{\frac{k}{k-1}} = \hat{V}_{k-1} \end{cases} \tag{3-67}$$

式中，T 为采样时间间隔，Z_k 是当前时刻的观测量，$\hat{X}_k$ 是位置估计量，$\hat{V}_k$ 是速度估计量，α、β 分别是位置和速度加权系数，根据经验通常取值 $\alpha \in (0.3, 0.5)$，$\beta = \alpha^2 / (2 - \alpha)$。

3.5　仿真实验验证与结果分析

　　本节数字仿真实验软件环境为 MATLAB 2020a、Python3.7、PyToch，实验平台内存为 64G，显卡为 RTX 3090。

3.5.1　目标探测系统模型

　　实验中使用的探测系统是工作频率可调的主动声呐探测系统，其模型如图 3-4 所示。

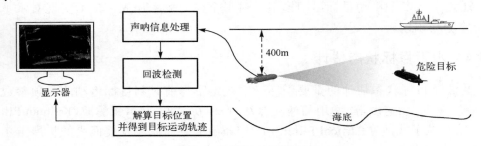

图 3-4　探测系统模型

　　基于上述的主动探测声呐系统模型，分析该系统的理论探测距离。实验中涉及的相关参数如表 3-1 所示。

表 3-1　实验相关参数

序号	参数	数值
1	发射信号	线性调频信号
2	信号频率	56kHz～1MHz
3	目标强度	约−20dB
4	目标移动速度	1m/s
5	检测角度范围	−60°～ 60°

　　该声呐探测系统的最大距离检测范围由主动声呐方程获得

$$DT = SL - 2TL + TS - NL \tag{3-68}$$

式中，DT 表示检测阈值，即在达到指定检测概率和虚警概率所必需的声呐系统输出端信噪比；SL 表示声源级；TL 表示单程传播损失，包括扩展损失和吸收损失；TS 表示目标强度；NL 表示环境噪声级。

　　在计算传播损失时，声波的扩展损失按柱面波传播损失计算，即

$$TL = 10\lg r + \alpha r \tag{3-69}$$

式中，r 表示传播距离，单位为 m；α 为海水吸收系数。当水温为 10℃、水深为 400m 时，发射信号为 60kHz 的信号，其噪声级为 36dB，则频带内的环境噪声级为

$$NL = 36 + 10\lg B \qquad (3\text{-}70)$$

式中，B 表示信号带宽。根据上述计算可得到声呐方程中相应变量的估计值，如表 3-2 所示。

表 3-2　声呐方程相关参数

序号	参数	数值/dB
1	DT	−12
2	SL	200
3	TS	−20
4	NL	76

表 3-2 中的检测阈值是在虚警概率为 0.01 且检测概率为 0.9 时的数值，声呐传播损失可以表示为

$$10\lg r + \alpha r = TL = \frac{SL + TS - DT - 36 - 10\lg B}{2} \qquad (3\text{-}71)$$

根据表 3-2 可得出检测距离，即声呐的检测距离 $r \approx 1400\text{m}$。

3.5.2　声呐发射信号数字仿真

对于一个声呐发射系统，具有指向性意味着发射能量可集中在某一方向，这样可以用较小的发射功率探测更远距离的目标。对于一个接收系统，可以使系统定向接收，从而抑制其他方向的信号干扰，准确测定目标方位，如图 3-5 所示。

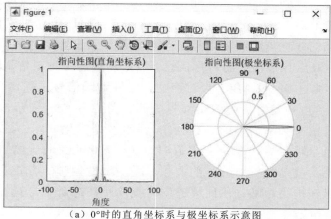

（a）0°时的直角坐标系与极坐标系示意图

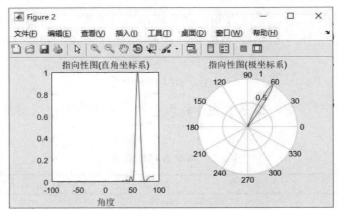

（b）60°时的直角坐标系与极坐标系示意图

图 3-5　声呐信号的指向性

在图 3-5 中，为检测声呐发射系统指向性信号的准确性，对其进行 0°与 60°方向的 MATLAB 仿真。在图 3-5（a）中，分别通过直角坐标系与极坐标系的指向性图进行结果展示。在左侧的直角坐标系的指向性图中，波形的峰值处位于横坐标的 0°位置，纵坐标的最大值处，数值为 1。在右侧的极坐标系下的指向性图中，从中心点处开始向圆的边缘位置出现一束波形，峰值所指位置位于极坐标系的 0°位置。通过两个坐标系下的波形位置可以看出，当前的波束指向 0°位置较为准确。同理，图 3-5（b）中，在两个坐标系下都显示出设定的 60°位置。以上仿真可以证明声呐发射系统能够准确地将能量集中在确定的方向，使声呐在较小的发射功率下实现更远距离的目标探测。

线性调频（LFM）信号是声呐应用中最为广泛的一种波形，其主要优点是脉冲压缩的形状和信噪比对多普勒频移不敏感，即在目标速度未知的情况下，用匹配滤波器仍可以实现回波信号的脉冲压缩，有利于雷达对目标的探测和信号处理效率的提高。本节对 LFM 脉冲压缩声呐雷达的工作原理仿真，在 MATLAB 平台中模拟一个叠加的线性调频回波信号，对该信号分别进行采样解调、滤波抽取以及脉冲压缩，提取出其中包含的目标信息。线性调频信号时域仿真如图 3-6 所示。

图 3-6 中，通过 MATLAB 平台对声呐的线性调频信号进行仿真。图 3-6（a）和（b）分别表示声呐发射信号的实部与虚部。图 3-6（c）表示声呐信号的发射频率，可以看出信号频率为–100～100kHz 呈直线型变化。图 3-6（d）表示声呐信号的相位信息，可以看出相位变化范围为 0～150rad。通过已知的信号频率与相位可以更好地实现声呐发射信号的调频。采用线性调频的方式对脉冲信号进行压缩调制，可以在提高声呐作用距离的同时提高距离分辨率，较好地解决了声呐作用距离与距离分辨率之间的矛盾。

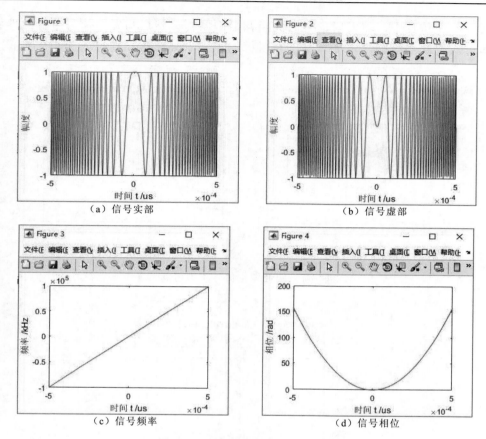

（a）信号实部　　　　　　　　　　　（b）信号虚部

（c）信号频率　　　　　　　　　　　（d）信号相位

图 3-6　线性调频信号时域仿真

　　由于信号在相位驻留点邻域附近是缓变的，而在其他时间上是迅变的，当相位处于迅变附近时，因为相位的周期性，相位的正负部分可以相互抵消，故其积分的贡献几乎为零，对积分起作用的主要部分集中在相位驻留点附近。因此，采用驻定相位原理对声呐信号进行频谱求解，结果表明，时间带宽积越大，实际频谱越接近矩形窗，驻定相位原理计算越准确。线性调频信号频谱仿真如图 3-7 所示。

　　在图 3-7 中，通过驻定相位原理对信号频谱进行求解，计算出声呐信号的幅度谱与相位谱。为仿真出声呐的发射信号，输出的实际频谱如图 3-7（a）中曲线所示，此曲线为仿真过程中的实际频谱。在实际应用过程中，更多采用中间的波形曲线。图 3-7（b）中所示曲线则展示出当前波形的相位信息，结合图 3-7（a）中的幅度信息求解波形的相位驻留点，通过此方式对发射信号的性质进行判断，从而能够准确地实现目标识别。

　　在主动声呐探测系统中，理想条件下检测已知信号。信号和噪声叠加在一起，匹配滤波使信号成分在某一瞬时出现峰值，而噪声成分受到抑制，使输出的信噪比最大。在仿真中，将发射信号时间反褶后取共轭，然后与发射信号进行线性卷积即可实现脉冲压缩，更加有利于对目标的识别。具体仿真结果如图 3-8 所示。

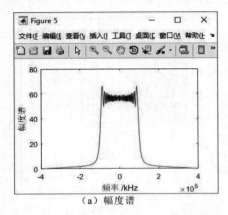
（a）幅度谱

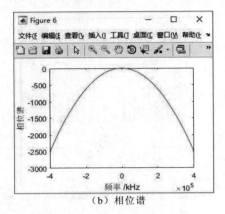
（b）相位谱

图 3-7　线性调频信号频谱仿真

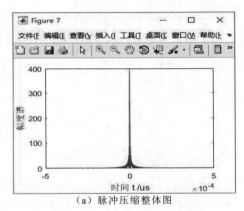
（a）脉冲压缩整体图

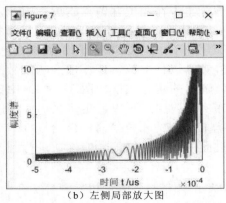
（b）左侧局部放大图

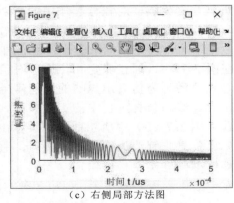
（c）右侧局部方法图

图 3-8　线性调频信号脉冲压缩匹配滤波

在图 3-8（a）中，曲线显示出声呐发射脉冲的整体图，脉冲在 0 时刻处于幅度值为 400 的峰值。由图 3-8（b）左侧局部放大图与图 3-8（c）左侧局部放大图可知，线性调频信号脉冲快速提高至峰值处又迅速下降，位于峰值两侧的幅度值与峰值相比十分微小。在时间轴 ±5 位置时，幅度值只有 0.7 左右。当幅度值为 10 时，仅处于时间轴上 0.35 位置。以上数据显示，声呐发射信号能够在某一瞬时出现峰值，最大程度地抑制噪声，使输出的信噪比最大，也使目标识别过程受到的干扰最小化。

3.5.3　声呐雷达回波信号处理

声呐接收到的回波数据为单个点的波幅数值，回波数据集中共有 60 组 208 条数据。在数据的最后一列为变量标签，其中 M 表示矿石，即鱼雷、潜艇等金属材质物体，R 表示礁石。部分数据如表 3-3 所示。

表 3-3　声呐回波信号原始数据

	0	1	2	3	4	5	6	...	59	标签
0	0.0200	0.0371	0.0428	0.0207	0.0954	0.0986	0.1539	...	0.0032	R
1	0.0453	0.0523	0.0843	0.0689	0.1183	0.2583	0.2156	...	0.0044	R
2	0.0262	0.0582	0.1099	0.1083	0.0974	0.2280	0.2431	...	0.0078	R
3	0.0100	0.0171	0.0623	0.0205	0.0205	0.0368	0.1098	...	0.0117	R
4	0.0762	0.0666	0.0481	0.0394	0.0590	0.0649	0.1209	...	0.0094	R
5	0.0286	0.0453	0.0277	0.0174	0.0384	0.0990	0.1201	...	0.0062	R
6	0.0317	0.0956	0.1321	0.1408	0.1674	0.1710	0.0731	...	0.0103	R
⋮	⋮	⋮	⋮	⋮	⋮	⋮	⋮	⋮	⋮	⋮
206	0.0303	0.0353	0.0490	0.0608	0.0167	0.1354	0.1465	...	0.0048	M
207	0.0260	0.0363	0.0136	0.0272	0.0214	0.0338	0.0655	...	0.0115	M

为了更加有效提取每组数据的特征，对表 3-3 中的数据进行分组计算，即对每组中的数据进行求和、求均值、极大值、极小值等，使数据的变化情况更加直观。计算数据如表 3-4 所示。

表 3-4　回波数据分组整理

	0	1	2	3	4	5	6	...	59
count	208.000	2.080×10^2	208.000	208.000	208.000	208.000	208.000	...	2.080×10^2
mean	0.029	3.844×10^{-2}	0.044	0.054	0.075	0.105	0.122	...	6.507×10^{-3}
std	0.023	3.296×10^{-2}	0.038	0.047	0.056	0.059	0.062	...	5.031×10^{-3}
min	0.002	6.000×10^4	0.002	0.006	0.007	0.010	0.003	...	6.000×10^{-4}

	0	1	2	3	4	5	6	…	59
25%	0.013	$1.645×10^{-2}$	0.019	0.024	0.038	0.067	0.081	…	$3.100×10^{-3}$
50%	0.023	$3.080×10^{-2}$	0.034	0.044	0.062	0.092	0.107	…	$5.300×10^{-3}$
75%	0.036	$4.795×10^{-2}$	0.058	0.065	0.100	0.134	0.154	…	$8.525×10^{-3}$
max	0.137	$2.339×10^{-1}$	0.306	0.426	0.401	0.382	0.373	…	$4.390×10^{-2}$

然后，对回波数据进行可视化处理。将数据集中 60 组 208 条数据在直方图中显示，如图 3-9 所示。

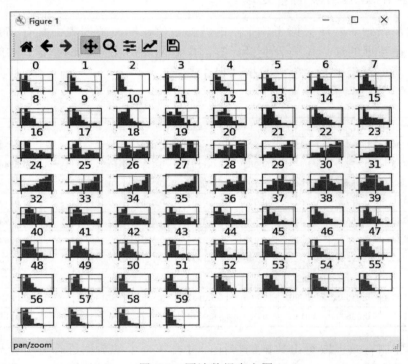

图 3-9　回波数据直方图

从图 3-9 中可以看出对应组中的回波数据分布情况，由于水下声呐在接收回波的过程中受误差与干扰的影响，直方图中的数据也会有较小的误差。例如，对于第 0 组～第 6 组直方图可以相对容易地分析出数据中的极大值以及变化曲线。但是对于第 11 组、第 18 组、第 19 组～23 组以及第 31 组这样的图像中很难对其数据进行分析，每组数据中的变化情况也很难进行归纳。所以本节将图 3-9 所示的直方图拟合成图 3-10 所示的线性图，这样就可以很容易地对每组数据的极值以及变化趋势进行分析。

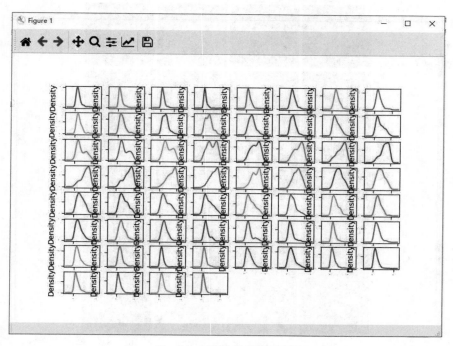

图 3-10　回波数据拟合图

可以得出，通过对直方图数据进行拟合后，可以在拟合图中更加准确地表示出数据趋势与变化情况。通过得到每组回波数据的信息后可对回波数据进行成像显示，可以将每组回波数据的强弱情况进行像素填充，可得到初步的声呐回波信号的模拟图，为后续的目标识别任务打下基础。

3.5.4　声呐图像超分辨率重建

在本节图像超分辨率重建过程中，由于目标距离越远，采集到的目标图像分辨率越低，目标数据越模糊，为了仿真真实的水下复杂环境，将声呐图像设定四种不同模糊程度的等级，分别为近距离（0～300m）、中距离（300～600m）、远距离（600～900m）和超远距离（900～1200m）。数据图像如图 3-11 所示。

为了方便数据处理，将模糊的声呐图像归一化，处理后对其进行超分辨率重建。从图 3-12 中可以清晰看出目标轮廓与外形，能够使后续的特征提取与目标识别更加准确。同时，对不同目标种类（潜艇、蛙人、舰船）的声呐图像进行超分辨率重建，具体如图 3-12 所示。

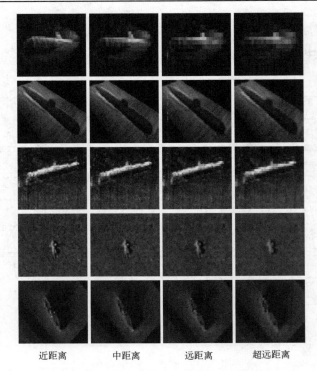

　　近距离　　　　　中距离　　　　　远距离　　　　超远距离

图 3-11　　不同距离下声呐采集数据图像

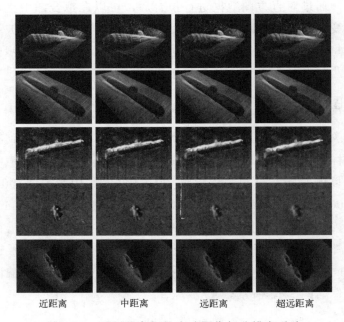

　　近距离　　　　　中距离　　　　　远距离　　　　超远距离

图 3-12　　不同距离下的声呐图像超分辨率重建

　　为还原声呐在对水下不同距离采集不同大小的目标情况，本节对近距离、中距离、远距离以及超远距离下的舰船、潜艇、蛙人目标进行仿真。在对图 3-12 中第 1～3 行的水下潜艇进行超分辨率重建时，不同距离下重建图像的目标图像与原始图像并没有较大差距，极大地保存了原有的目标特征与清晰度。当对第 5 行中小一些的船体进行重建时，近距离、中距离与远距离下的重建图像与原始图像较为相似，但是在对超远距离的目标重建过程中出现了一些模糊，但是也较好地还原出原始图像中的主要特征信息。在第 4 行的蛙人目标中，由于目标体积较小，在重建过程中，随着距离变远、像素值降低，所重建出目标图像的清晰度也有所降低，但是都最大程度地还原出目标的主要特征。与图 3-11 中的原始声呐图像相比，超分辨率重构后的图像极大地还原了目标的主要特征，提高了远距离下目标图像的清晰度，为后续的目标准确识别提供基础。

3.5.5　目标特征提取

　　本章基于 VGG-19 网络对目标进行特征提取。为了增加算法的实时性与有效性，每个卷积层包含 9 个卷积、ReLU 激活函数和尺度不等的池化操作，其中系数全部是随机初始化。输入图像为原始声呐图像和超分辨率生成不同距离的潜艇目标声呐图像，如图 3-13 所示。

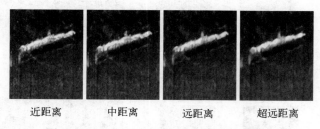

　　　近距离　　　　　中距离　　　　　远距离　　　　超远距离

图 3-13　不同距离下的超分辨率生成图像

　　为了保证特征提取的视觉效果，本节仅显示输入图像的前 4 层卷积图像，原始图像的具体特征提取信息如图 3-14 所示。通过不同层次的网络提取可以看出，浅层网络提取的是纹理、细节特征，深层网络提取的是轮廓与形状特征。相对而言，层数越深，提取的特征越具有代表性，图像的分辨率也越来越小。对图 3-13 中超分辨率生成的不同距离的图像进行特征提取，具体特征数据如图 3-14 所示。

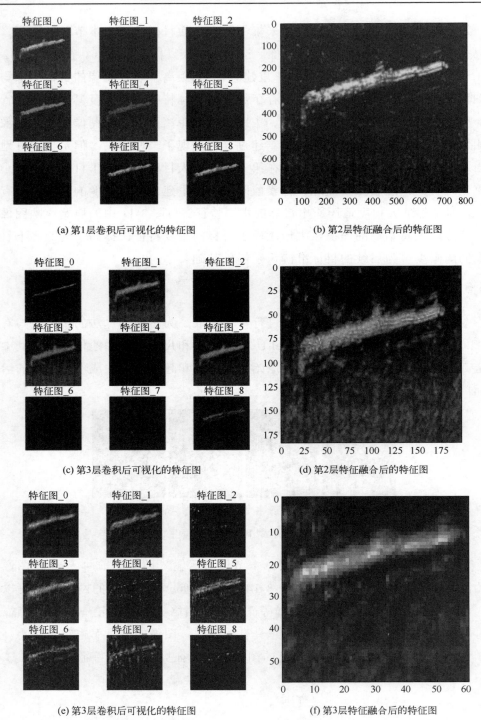

特征图_0　特征图_1　特征图_2
特征图_3　特征图_4　特征图_5
特征图_6　特征图_7　特征图_8

(a) 第1层卷积后可视化的特征图

(b) 第2层特征融合后的特征图

特征图_0　特征图_1　特征图_2
特征图_3　特征图_4　特征图_5
特征图_6　特征图_7　特征图_8

(c) 第3层卷积后可视化的特征图

(d) 第2层特征融合后的特征图

特征图_0　特征图_1　特征图_2
特征图_3　特征图_4　特征图_5
特征图_6　特征图_7　特征图_8

(e) 第3层卷积后可视化的特征图

(f) 第3层特征融合后的特征图

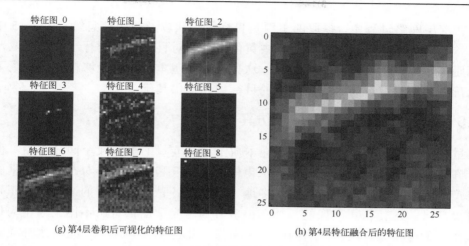

特征图_0　特征图_1　特征图_2

特征图_3　特征图_4　特征图_5

特征图_6　特征图_7　特征图_8

(g) 第4层卷积后可视化的特征图　　　　(h) 第4层特征融合后的特征图

图 3-14　原始图像的特征提取过程

通过本章的超分辨率图像重建，对干扰下的声呐图像进行清晰化处理，降低环境对声呐图像的干扰。生成质量更好的图像后对其进行特征提取，不同距离的超分辨率重建图像的特征提取过程如图 3-15 所示，图中黄色突出颜色表示神经网络提取的目标特征信息。在浅层卷积提取过程中主要是对目标的纹理以及细节特征进行提取，所以黄色部分会有所差异，但都在目标轮廓范围内进行提取，属于特征提取过程的正常现象。

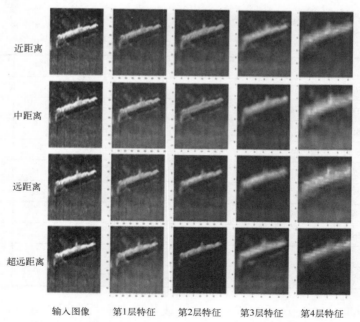

近距离

中距离

远距离

超远距离

输入图像　第1层特征　第2层特征　第3层特征　第4层特征

图 3-15　不同距离下的特征图信息提取（见彩图）

在深层网络过程中，提取的主要是目标的形状以及轮廓信息等，图 3-15 中第 5 列（第 4 层卷积特征提取）图像中黄色部分都对目标特征进行了准确提取，且不同距离下提取的特征基本无差别。这也充分说明本章方法能够在不同距离下进行准确的特征提取，为不同距离下的目标识别提供基础。

3.5.6　水下目标检测距离数字仿真

虽然声图像与光学图像一样，在本质上都是能量的平面或空间分布图。但是由于在声视觉系统应用的环境中，水声信道是时变和空变的，对在其中传播的声信息产生各种复杂的作用。同时，多途、混响及各种环境噪声的影响也使识别工作难度增大，这使得声图像的特征在很多方面与光学图像有所不同。通常为保证获取图像的分辨率，成像声呐的中心频率都在几百 kHz 以上。但是海水介质对声波能量的吸收随其中心频率的增长以平方次增长，并伴有传播中的体积扩散，这就使高频声波在海水中损失相当大的能量，直接导致成像设备的探测距离不够理想。目前常用设备具体参数如表 3-5 所示。

由表 3-5 可知，目前现有的声呐设备工作范围不能满足现有项目的需求，同时工作频率较为固定，使得成像数据较为单一。基于以上原因，本节提出频率可调整的多波束声呐探测系统，通过工作频率的调整，使得声呐的理论探测距离达到 1400m。同时，采用多波束成像数据校正系统对采集图像进行调整，保证采集信息的有效性。

表 3-5　常用水下声呐设备参数

名称	工作频率/kHz	成像范围/m
Gemini 720 多波束成像声呐	720	0.2～120
Micron DST Sonar 扫描声呐	650～750	2～75
852 扫描声呐	675/850	0～50
886 BFS 成像声呐	675/900/1100	2.5～60
831A 数字管线探测声呐	2.25	0.25～6
881A 成像声呐	310/675/1000	1～200
M900 系列成像扫描声呐	900	0～100
EchoPilot FLS 3D 前视声呐	200	0～200
X-Type	—	0～600
SWATHplus	117/234/468	0～750

利用 MATLAB 仿真系统对系统的回波数据进行目标识别分析，如图 3-16～图 3-18 所示，分别对近距离、中距离和远距离的 5 组目标数据进行识别。

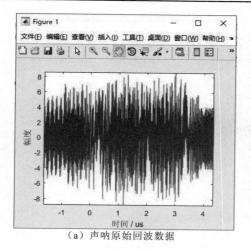

（a）声呐原始回波数据

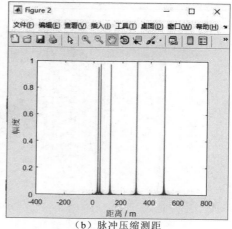

（b）脉冲压缩测距

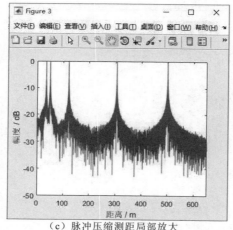

（c）脉冲压缩测距局部放大

图 3-16 声呐探测近距离目标

（a）声呐原始回波数据

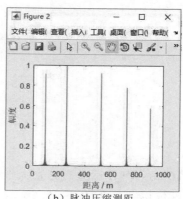

（b）脉冲压缩测距

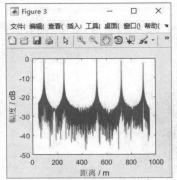

（c）脉冲压缩测距局部放大

图 3-17　声呐探测中距离目标

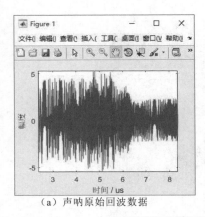

（a）声呐原始回波数据

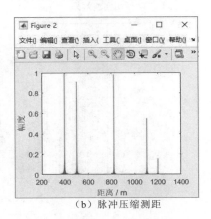

（b）脉冲压缩测距

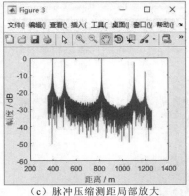

（c）脉冲压缩测距局部放大

图 3-18　声呐探测远距离目标

　　图 3-16 表示对目标距离分别为 35m、50m、121m、305m 和 500m 的 5 组近距离目标进行识别，在图 3-16（b）中较为准确地表示出了目标位置，并且声呐

平均幅度达到了 0.9667，表示在近距离时能够对目标进行准确识别。

图 3-17 表示对目标距离分别为 95m、257m、523m、721m 和 900m 的 5 组中距离目标进行识别。前四组目标都能够准确地识别，在对 900m 位置的目标识别时，声呐回波幅度为 0.5622，相比近距离目标，此距离下声呐识别系统的检测信号有所减弱，但是依然可以准确地表示出目标位置。

在图 3-18 中识别距离为 1200m 的目标时，声呐回波幅度仅剩 0.1538。在真实的水下干扰环境下，此回波幅度下的目标很难进行准确识别与定位，但是 1105m 时的回波幅度为 0.5492，表明也可以对目标位置进行识别。

利用本章提出的可变频率的多波束声呐系统对目标进行信息采集，经过基于强化迁移学习方法的目标特征提取，基于光场重构与对抗神经网络的目标识别方法的处理后，对不同距离的目标图像进行归一化并进行识别。同时，将本章方法与 SVM（Support Vector Machine）、SVDD（Support Vector Data Description）算法、CNN、LSTM（Long Short-Term Memory）等方法进行比较，识别结果如图 3-19 所示。

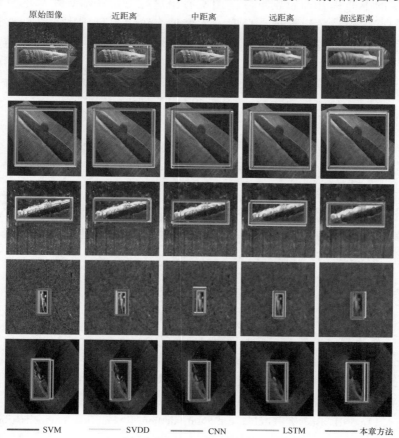

图 3-19　不同距离的目标识别结果（见彩图）

通过对不同距离的声呐图像进行识别以模拟水下远距离的目标信息采集情况，本章方法与对比方法的识别准确率如表 3-6 所示。

表 3-6　不同方法在不同距离情况下的平均目标识别准确率　　　　（单位：%）

方法	近距离	中距离	远距离	超远距离
SVM	68.24	64.52	43.18	34.09
SVDD	71.56	66.67	52.49	50.50
CNN	76.12	70.91	41.17	38.05
LSTM	79.43	71.28	50.46	43.67
本章方法	92.37	89.92	85.45	79.25

分析表中数据可知，当识别图像的距离增加时，对比方法的识别准确率在明显下降。在超远距离下 SVM 仅有 34.09%的识别准确率，其他方法的识别准确率也随着距离的不断提升而急剧下降。由此看出这些方法在对远距离的目标进行识别时，其识别准确率难以保证，同时，本章的多阶段目标识别方法能够对不同距离下的目标图像进行准确识别。虽然识别准确率有所下降，但是整体的识别准确率依然较高。

3.6　本 章 小 结

本章提出一种小样本强干扰下的非合作目标探测与识别方法。首先，分析水下噪声环境中相位差估计的误差特性，针对相位差序列带宽动态变动、易被噪声影响的特点，提出非合作目标多阶段主动探测与识别方法。通过距离感知模块与频率调节模块使声呐设备具备检测距离调节功能，配合成像数据主动校正算法使检测目标图像更加清晰；同时，引入强化迁移学习与光场重构方法，提高了非合作目标探测精度与识别准确率。

参 考 文 献

[1]　Chen C C, Andrews H C. Target-motion-induced radar imaging. IEEE Transactions on Aerospace and Electronic Systems, 1980, 16(1): 2-14.

[2]　邢孟道, 保铮, 郑义明. 用整体最优准则实现 ISAR 成像的包络对齐. 电子学报, 2001, 29(12A): 1807-1811.

[3]　Wang K, Luo L, Bao Z. Global optimum method for motion compensation in ISAR imagery//Proceedings of IEEE Radar Conference, 1997: 233-235.

[4]　Wang G Y, Bao Z. The minimum entropy criterion of range alignment in ISAR motion compensation//Proceedings of IEEE Radar Conference, 1997: 236-239.

[5]　周晓进, 秦开兵, 许鹏程. 基于线性拟合的包络走动补偿方法. 舰船电子对抗, 2012, 35(1): 60-64.

[6]　骆成, 李军, 刘红明, 等. 基于发射信号预处理的包络移动补偿方法. 电波科学学报, 2013, 28(2): 24-28.

[7]　王俊, 张守宏. 微弱目标积累检测的包络移动补偿方法. 电子学报, 2000, 28(12): 56-59.

[8]　郑玺, 李新国. 基于 OpenCV 的组合优化多目标检测追踪算法. 计算机应用, 2017, 37(S2): 112-114, 145.

[9]　马也, 常青, 胡谋法. 复杂背景下红外人体目标检测算法研究. 红外技术, 2017, 39(11): 1038-1044, 1053.

[10]　唐聪, 凌永顺, 郑科栋, 等. 基于深度学习的多视窗 SSD 目标检测方法. 红外与激光工程, 2018, 47(1): 302-310.

[11]　田壮壮, 占荣辉, 胡杰民, 等. 基于卷积神经网络的 SAR 图像目标识别研究. 雷达学报, 2016, 5(3): 320-325.

[12]　吴言枫, 王延杰, 孙海江, 等. 复杂动背景下的"低小慢"目标检测技术. 中国光学, 2019, 12(4): 854-866.

[13]　Prasad S, Bruce L M. Decision fusion with confidence-based weight assignment for hyperspectral target recognition. IEEE Transactions on Geoscience and Remote Sensing, 2008, 46(5): 1448-1458.

[14]　Du L, Liu H, Bao Z. Radar HRRP statistical recognition: parametric model and model selection. IEEE Transactions on Signal Processing, 2008, 56(5): 1931-1944.

[15]　Fisher R A. The use of multiple measurements in taxonomic problems. Annals, 2012, 7(7): 179-188.

[16]　Arnab K S, Anindya S P, Robert W. Eigen-template-based HRR-ATR with multi look and time-recursion. IEEE Transactions on Aerospace and Electronic Systems, 2013, 49(4): 2396-2385

[17]　谢德光, 张贤达. 基于分数阶 Fourier 变换的雷达目标识别. 清华大学学报(自然科学版), 2010, (4): 485-488.

[18]　Feng B, Du L, Liu H W, et al. Radar HRRP target recognition based on K-SVD algorithm// Proceedings of 2011 IEEE CIE International Conference on Radar, 2011: 642-645.

[19]　刘盛启. 基于高分辨距离像的特征提取与识别增强技术研究. 长沙: 国防科学技术大学, 2016.

[20]　Yu X L, Wang X G, Liu B Y. Supervised kernel neighborhood preserving projections for radar target recognition. Signal Processing , 2008, 88(9): 2335-2339.

[21] Zhao F X, Liu Y X, Huo K, et al. Radar HRRP target recognition based on stacked autoencoder and extreme learning machine. Sensors, 2018, 18(1): 173.

[22] Mitchell R A, Rob D. Overview of high range resolution radar target identification// Proceedings of the Automatic Target Recognition Working Group Conference, Monterey, 1994.

[23] 周诺, 陈炜. 基于相对平均误差的高分辨距离像目标识别算法. 电子与信息学报, 2010, 5: 1105-1110.

[24] 沈丽民, 李军显. 基于支持向量机的雷达高分辨距离像识别. 弹箭与制导学报, 2009, 29(2): 231-234.

[25] Wan J, Chen B, Xu B, et al. Convolutional neural networks for radar HRRP target recognition and rejection. EURASIP Journal on Advances in Signal Processing, 2019, (1): 1-17.

[26] Jacobs S P. Automatic target recognition using high resolution radar range profiles. Washington: Washington University, 1997.

[27] 朱劼昊, 周建江, 吴杰. 基于半参数化概率密度估计的雷达目标识别. 电子与信息学报, 2010, 32(9): 2161-2166.

[28] Du L, Liu H, Bao Z, et al. A two-distribution compounded statistical model for radar HRRP target recognition. IEEE Transactions on Signal Processing, 2006, 54(6): 2226-2238.

[29] Bjerrum E J. SMILES enumeration as data augmentation for neural network modeling of molecules. arXiv preprint arXiv: 1703.07076, 2017.

[30] Lundén J, Koivunen V. Deep learning for HRRP-based target recognition in multistatic radar systems//2016 IEEE Radar Conference, 2016: 1-6.

[31] Zhang X, Wang W, Li M et al. Radar high resolution range profile restoration based on conditional generative adversarial networks//2019 IEEE International Conference on Signal, Information and Data Processing (ICSIDP), 2019: 1-4.

[32] Shi L, Liang Z, Wen Y, et al. One-shot HRRP generation for radar target recognition. IEEE Geoscience and Remote Sensing Letters, 2022, 19: 1-5.

[33] Zhou Q, Wang Y, Song Y, et al. Data augmentation for HRRP based on generative adversarial network//IET International Radar Conference, 2020: 305-308.

第4章 面向多 AUV 围捕的非合作目标探测与识别方法

4.1 绪 论

4.1.1 引言

AUV 是一款可以在水下环境中自主完成相关工作的智能机器人[1]。该机器人可以代替或者辅助作业人员完成水下任务，使工作人员效率更高，也更加安全。但是随着目前工作复杂程度越来越高，单个 AUV 的工作能力已无法满足要求，多个 AUV 协同工作将成为发展趋势。近几年，学者们改进现有方法或提出新的方法使多 AUV 系统具有更加稳定的性能以及更好的实时性。在水下围捕过程中，除了实现多 AUV 的协同稳定外，还需要多 AUV 系统对围捕目标具备一定的检测与识别能力。本章将多 AUV 协同机制引入目标识别领域，通过多 AUV 对目标进行信息采集与识别，提高水下目标识别的准确性。将非合作目标围捕过程中的探测、识别以及多 AUV 协同控制作为本章的研究目标，从而实现对目标的成功围捕。

在未来的海战与海岸、岛礁防御作战中，利用 AUV 对非合作目标进行围捕是一种低成本、高效率的技术方案。然而，水下围捕与陆地协同过程不同，AUV 在对目标感知与识别时会受到多种因素的干扰，例如，水质浑浊、目标遮挡、光线不足、背景复杂、目标重叠等。同时，多 AUV 协同过程中也会受到水下时变海流以及通信延迟等因素的干扰，这都将严重影响围捕的成功率，如何在这样复杂的环境下进行准确的目标识别与成功围捕是研究的关键。

4.1.2 国内外研究现状

4.1.2.1 协同围捕研究现状

在多 AUV 控制方面，很多学者在二维[2,3]和三维[4-6]环境中进行了大量的研究。Shen[7]提出一种新的模型预测控制方法，该方法提高了非协同目标跟踪控制性能和跟踪控制的鲁棒性。刘丽萍[8]针对 AUV 螺旋桨受到海流的影响而产生推力和转矩损失问题，采用设定值前馈型二自由度比例积分微分（Proportion Integration Differentiation, PID）控制策略实现对 AUV 航速的控制，从而提高 AUV 的抗干扰能力及跟随特性。Garcia[9]设计一种线性无源观测器，利用深度测量来估计浅水波运动和低频运动，通过适当滤波和预期导航响应来降低舵的震动，提高 AUV 的控制精度。Tanakitkorn[10]通过内移机构改变水下机器人的重心，提出一种基于分布和确定性学习的自适应学习控制方法，精确有效地控制水下机器人的深度。

在多 AUV 围捕方面。针对未知的 3D 水下环境，Ni[11]提出一种基于脊髓神经系统的新型方法，可以保持多 AUV 稳定编队而不会发生障碍物碰撞。梁璨[12]针对移动机器人的工作环境特点，利用多模块任务分配自主控制机制，实现多 AUV 在未知环境下的导航功能。Chen[13]提出一种基于 Glasius 生物启发式神经网络的模型，用于路径规划，可实现对智能目标的协同跟踪与围捕。对于多 AUV 系统的协同合作，不仅应考虑诸如路径规划和避免碰撞之类的基本问题，还应考虑动态分配任务。Cao[14]提出一种结合自组织图神经网络和 Glasius 生物启发神经网络方法的集成方法，以提高多 AUV 协同效率。张红强[15]对控制模型进行简化，使多 AUV 能够在复杂环境下进行自组织协同，提高围捕过程的实时性。

多 AUV 系统在水下环境中会受到水声通信延迟的影响。文献[16]～文献[18]针对水声通信延迟问题，提出时间补偿方法或者增强时间延迟控制器的方法，降低水声通信延迟对协同系统的影响。文献[19]～文献[22]通过优化通信拓扑结构协调多 AUV 系统，使其能够在水声通信延迟的环境下进行协同任务，同时也提高了算法的可靠性。但是在多 AUV 协同过程中也存在着时变海流的影响，随机的海流给围捕 AUV 的控制带来很大的困难。Zhu[23]提出一种改进的自组织水下航行器任务分配模型，该模型中的每个 AUV 都将进行竞争，并且将在海流干扰下进行最优路径规划，同时确保总消耗量最小。Wu[24]通过制定因子图并解决非线性优化问题，提出一种多 AUV 协同海流估计方法，通过提高 AUV 系统定位精度的方式，增加多 AUV 之间协同的稳定性。为提高 AUV 对目标的搜索能力，魏娜[25]融合多传感器数据，引入"竞争力"的概念，并协调多 AUV 之间的搜索决策行为，使方法具有环境适应性和搜索高效性。

4.1.2.2　水下目标探测与识别研究现状

水下目标的准确识别是多 AUV 系统成功围捕的关键。目前，随着深度学习算法的不断完善，多数目标识别方法都采用基于卷积神经网络（CNN）进行处理。Li[26]利用压缩感知理论生成显著性映射，对图像中的目标进行标定，然后利用

CNN 对目标进行分类，提取目标的不同特征，通过长时间的训练后实现目标的识别。为了减少运行时间，Li[27]将卷积层与子采样层分两部分处理，在不降低识别率的情况下大大减少训练；Ren[28]通过检测网络与全图像卷积相结合的方式，对目标特征进行共享，从而减小识别时目标特征信息提取的时间消耗。为解决识别图像的真实性问题，Bayar[29]开发一种新的成为约束卷积层的 CNN 模型，它能够联合抑制图像的内容，自适应地学习新目标特征，向自主化、智能化方向迈进。

在小样本场景下，Chen[30]针对训练数据有限的统计识别问题，将卷积运算集成到统计建模中，开发出一种卷积因子分析模型，可以在训练数据量较小的情况下获得更好的识别性能。Tao[31]提出一种多尺度增量字典学习算法，利用不同模糊参数的高斯函数提取合成孔径雷达（Synthetic Aperture Radar，SAR）图像的多尺度特征，并根据这些特征在不同尺度下的权重进行重构。针对单一类别训练样本数量不足的情况，Zhang[32]通过监督学习将输入信息映射到目标空间，实现小样本目标的有效识别。

多 AUV 同时对目标进行检测时，可以获得不同角度的目标信息。文献[33]～文献[35]分别提出集成 Glasius 生物启发式神经网络、生物启发式级联跟踪控制方法以及贪婪和自适应 AUV 寻路启发式方法。这些方法可以使多 AUV 在工作过程中快速实现一致性。在多视角图像识别方面，Cao[36]提出 3D 辅助二元生成对抗网络，该方法不仅提高了多视图合成图像的视觉逼真度，而且还很好地保留了特征信息。Xuan[37]提出的网络能够最大化不同视角的特征信息，识别准确率随着训练样本数量的增加而提高。Zhang[38]和 Chou[39]分别提出多视图自动目标识别方法和多视图行为识别方法。通过提高多个视图之间的相关性，增加目标识别的准确率。针对采集目标数据不完整的情况，Cai[40-42]将多视角光场重构引入目标识别领域，可以通过多视角对目标信息进行采集[43]，即通过多 AUV 对水下危险目标进行识别。Luo[44]将生成式对抗网络引入多 AUV 目标识别领域，既提高了目标识别的准确率，又能降低水下复杂环境对目标识别的影响。

4.1.3　主要研究内容

本章以复杂环境中多 AUV 协同围捕系统为研究对象，以"探得到、识得出、捕得住"为研究主线，提出水下复杂环境影响、水声通信延迟以及时变海流不确定性干扰下多 AUV 在对非合作目标感知、识别以及围捕阶段的协同与协作方法。

本章主要研究内容如下：

（1）基于迁移强化学习的多 AUV 目标探测方法。利用小波变换和仿射不变性对多 AUV 采集的目标信息进行特征融合，根据马氏距离计算特征的相似度，并根据相似度阈值自主选择学习模型；基于 Q 学习的强化学习模型，对干扰环境下的目标信息进行强化训练，提取有效特征并存入源域，可以降低环境干扰对目标识别的影响；基于深度置信网络的特征迁移学习模型，可以将源域特征数据迁移到目标域，减少相似数据的重复计算，提高方法的实时性与目标探测能力。

（2）基于 GAN-元学习的目标识别方法。首先，利用 VGG-19 网络对水下目标图像进行有效特征提取。然后，利用 WGAN（Wasserstein GAN）网络补全缺失目标信息，降低环境干扰对采集图像的影响，保证目标识别的准确率。最后，基于元学习理论，利用随机梯度下降法对特征提取过程的参数变化情况进行训练，提高方法对新目标的识别能力，保证 GAN-元学习目标识别方法具有较强的泛化能力。

（3）基于 GAN 的多 AUV 一致性协同控制方法。首先，针对水下三维环境，建立 AUV 的三维运动学模型，结合拉普拉斯矩阵建立理想环境下围捕的拓扑结构，并计算 AUV 的控制率。然后，引用 GAN 模型，将环境干扰后的控制关系作为生成器的输入，将理想环境下的控制率作为判别模型的对比对象，通过 GAN 的迭代训练，生成适应当前干扰环境的控制率。最后，结合多 AUV 拓扑结构围捕模型实现针对非合作目标的成功围捕。

4.2　基于迁移强化学习的多 AUV 目标探测方法

对目标的准确探测是成功围捕的前提。随着越来越多的机器学习应用场景的出现，迁移学习与强化学习方法受到许多研究学者的关注。迁移学习可以将已有的知识或模式应用到相似的领域中，降低模型的重复计算[45]。强化学习则是通过多次迭代训练寻找到最优目标信息[46]。在实际水下目标探测过程中，由于水质浑浊、目标遮挡等不利因素的存在，很难获取目标特征有效数据；由于相似数据的重复计算，方法的实时性差。针对上述问题，本节提出一种基于迁移强化学习的多 AUV 协同目标探测方法。利用小波变换和仿射不变性对多 AUV 采集的目标信息进行特征融合，根据马氏距离计算特征的相似度，并根据相似度阈值自主选择学习模型；基于 Q 学习的强化学习模型，对干扰环境下的目标信息进行强化训练，提取有效特征并存入源域，可以降低环境干扰对目标识别的影响；基于深度置信网络的特征迁移学习模型，可以将源域特征数据迁移到目标域，减少相似数据的重复计算，确保方法的实时性[47]。该方法具体流程如图 4-1 所示。

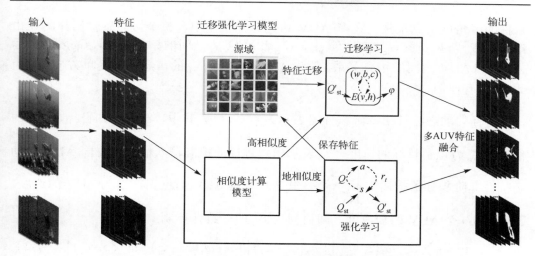

图 4-1　基于迁移强化学习的多 AUV 目标探测方法流程图

4.2.1　多 AUV 协同感知模型

在多 AUV 感知过程中，如何使多 AUV 系统快速协同是完成任务的关键。假设每个 AUV 都具有目标的感知功能。在水下复杂环境中，单个 AUV 对目标进行检测时会出现误差。本节采用多 AUV 协同对目标进行感知，将 AUV 均匀分布在目标的周围。通过不同角度对同一目标进行信息采集，从而降低单个 AUV 感知目标时的数据误差。

在多 AUV 模型中，假设各 AUV 之间位置、姿态信息已知，t 时刻 AUV_i 对于目标的观测值为 y_t。具体公式表示为

$$\begin{cases} p\left(s_t|y_{t-1}\right) = \int p\left(s_t|s_{t-1}\right) p\left(s_{t-1}|y_{1:t-1}\right) \mathrm{d}x_{t-1} \\ p\left(s_t|y_{1:t}\right) = \dfrac{p\left(y_t|s_t\right) p\left(s_t|y_{1:t-1}\right)}{p\left(y_t|y_{1:t-1}\right)} \end{cases} \quad (4\text{-}1)$$

式中，s_t 为目标的状态变量，$p\left(s_t|s_{t-1}\right)$ 为目标状态转移概率分布函数，$\mathrm{d}x_{t-1}$ 表示 $t-1$ 时刻观测值的误差积分，$p\left(s_t|y_{1:t}\right)$ 表示预测目标状态的概率分布。其中，$p\left(y_t|y_{1:t-1}\right) = \int p\left(y_t|s_t\right) p\left(s_t|y_{1:t-1}\right) \mathrm{d}s_t$，$y_{1:t-1}$ 表示 $1 \sim t-1$ 时刻的观测值。

将粒子滤波方法应用于目标的感知，对前一时刻目标状态与位置进行高斯扰动。然后将目标信息发布至每个 AUV，多个 AUV 协同对目标信息进行采集，可以降低多 AUV 系统的计算量，提高目标识别的准确率。

基于一致性协同控制方法的多 AUV 感知模型，将识别目标视为多 AUV 编队的领航者。各 AUV 根据领航者的运动情况计算与之适应的协同关系，以实现对

目标的多角度信息采集。在多 AUV 协同感知模型中，整个协同感知拓扑图 G 由拓扑图 G_{cc} 与拓扑图 G_{tc} 构成。其中，G_{cc} 表示 AUV_i 之间的拓扑关系，G_{tc} 表示目标 AUV_T 和 AUV_i 之间的拓扑关系。假设 AUV_i 感知 AUV_T 的信息传递是单方向的，因此 G_{tc} 为有向图。

目标的动态特性用二阶积分器表示为 $\begin{cases}\dot{\xi}_0=\zeta_0\\\dot{\zeta}_0=u_0\end{cases}$，其中，$\xi_0$ 为感知目标 AUV_T 的位置，ζ_0 为识别目标的速度，u_0 表示识别目标的控制输入信息。协同 AUV 的动态特性二阶积分器描述为 $\begin{cases}\dot{\xi}_i=\zeta_i\\\dot{\zeta}_i=u_i\end{cases}$，其中，$\xi_i$ 为 AUV_i 的位置，ζ_i 为 AUV_i 的速度，u_i 表示第 i 个 AUV 的加速度，即协同 AUV_i 的一致性控制率如下

$$u_i=-\sum_{j\in N_i}a_{ij}\left[\omega_0\left(\xi_i-\xi_j\right)+\omega_1\left(\zeta_i-\zeta_j\right)\right]+d_i\left[\omega_0\left(\xi_0-\xi_i\right)+\omega_1\left(\zeta_0-\zeta_i\right)\right] \quad(4\text{-}2)$$

式中，a_{ij} 为邻接矩阵 A 的第 (i,j) 项，表示协同 AUV_i 之间的通信权值；d_i 表示协同 AUV_i 对目标 AUV_T 的感知情况，若 AUV_i 到 AUV_T 有边存在，则 d_i 为边上的权值。N_i 为 AUV_i 的邻居节点集合，$d_i\in\mathbf{R}^+$，$\omega_0,\omega_1\in\mathbf{R}$。$-\sum_{j\in N_i}a_{ij}\left[\omega_0\left(\xi_i-\xi_j\right)+\omega_1\left(\zeta_i-\zeta_j\right)\right]$ 的主要作用是调整 AUV_i 的运动轨迹，使其趋于一致。$d_i\left[\omega_0\left(\xi_0-\xi_i\right)+\omega_1\left(\zeta_0-\zeta_i\right)\right]$ 的主要作用是使 AUV_i 的运动轨迹趋于 AUV_T。将上式写成矩阵形式为

$$\begin{bmatrix}\dot{\xi}_0\\\dot{\zeta}_0\\\dot{\xi}\\\dot{\zeta}\end{bmatrix}=\begin{bmatrix}0&1&0_{1\times n}&0_{1\times n}\\0&0&0_{1\times n}&0_{1\times n}\\0_{n\times 1}&0_{n\times 1}&0_{n\times n}&I_{n\times n}\\\omega_0\tilde{d}&\omega_1\tilde{d}&-\omega_0(L+D)&-\omega_1(L+D)\end{bmatrix}\begin{bmatrix}\xi_0\\\zeta_0\\\xi\\\zeta\end{bmatrix}\quad(4\text{-}3)$$

式中，L 为 AUV_i 与 AUV_T 之间拓扑结构对应的拉普拉斯矩阵，$\xi=[\xi_1,\xi_2,\cdots,\xi_n]^T$，$\zeta=[\zeta_1,\zeta_2,\cdots,\zeta_n]^T$，$\tilde{d}=[d_1,d_2,\cdots,d_n]^T$，$D=\text{diag}(d_1,d_2,\cdots,d_n)$。

令 $\varphi_i=\xi_i-\xi_0$，$\phi_i=\zeta_i-\zeta_0$，则多 AUV 达到一致性的条件可以转换为

$$\begin{bmatrix}\dot{\varphi}\\\dot{\phi}\end{bmatrix}=\begin{bmatrix}0_{n\times n}&I_{n\times n}\\-\omega_0(L+D)&-\omega_1(L+D)\end{bmatrix}\begin{bmatrix}\varphi\\\phi\end{bmatrix}\quad(4\text{-}4)$$

式中，$\varphi=[\varphi_1,\varphi_2,\cdots,\varphi_n]^T$，$\phi=[\phi_1,\phi_2,\cdots,\phi_n]^T$。

通过一致性协同控制，AUV_i 均匀分布于感知目标 AUV_T 周围，如图 4-2 所示，多个 AUV 同时对 AUV_T 进行多角度信息采集，通过信息融合的方式能够使目标探测更加准确。

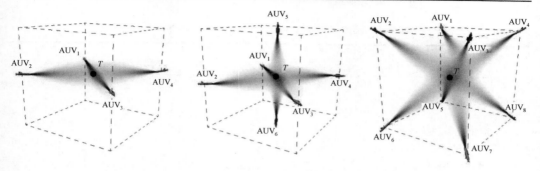

图 4-2　当 AUV 个数分别为 4、6、8 时多 AUV 协同分布位置

4.2.2　基于迁移强化学习的水下目标探测

设定每个 AUV 都具有目标信息采集并识别功能，将分类器与贝叶斯决策应用到多 AUV 目标探测领域。单个 AUV 对目标识别的输出可以表示为 $y_k = \{y_{k,c}; c = 1, 2, \cdots, C\}$，其中 $c \in C$ 为检测的目标，$k \in K$ 表示第 k 视角图像。根据贝叶斯准则，多 AUV 从 K 个视角进行目标探测的输出为

$$T = \arg\max_{1 \leqslant c \leqslant C} a_c \qquad (4\text{-}5)$$

式中，$a_c = \sum_{k=1}^{K} l(x_k | c)$。多 AUV 从多个角度对目标进行信息采集与检测，多 AUV 检测结果信息融合后能够有效提升目标的检测准确率，使方法具有更好的鲁棒性。具体原理如图 4-3 所示，算法流程如表 4-1 所示。

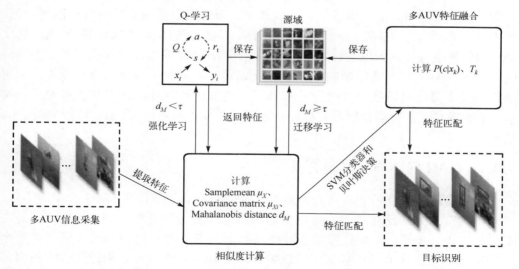

图 4-3　基于迁移强化学习的目标探测流程图

表 4-1　基于迁移强化学习的多 AUV 目标探测算法

输入：多 AUV 个数，阈值 τ，折扣系数 γ，源域，采集目标图像信息

输出：AUV_i 控制率 u_i，目标特征 Φ，识别目标类别 T

1. 根据目标位置信息 s_t，计算 AUV_i 的一致性控制率 u_i

2. for AUV number=1,$\cdots$,K

3.　　for j=1,$\cdots$,M

4.　　　　提取目标特征 Φ；

5.　　　　计算相似度量 $d_M(M_S,M_T)$；

6.　　　　if　$d_M(M_S,M_T) \geqslant \tau$

7.　　　　　　迁移特征 Q_{mt}^i，提取特征 φ；break；

8.　　　　if　$d_M(M_S,M_T) < \tau$

9.　　　　　　设置 $s_1=\{x_1\}$，执行动作 a_j，获得奖励 r_j，读取下一个训练样本 x_{j+1}；

10.　　　　　设置 $s_{j+1}=s_j$，a_j，x_{j+1}；

11.　　　　　计算 a' 最大期望值 $Q^*(s,a)$，更新损失函数 $L_j(\theta_j)$；

12.　　　　　输出训练目标特征 y_j；

13.　end for

14.　多 AUV 信息融合 $T=\underset{1\leqslant c\leqslant C}{\arg\max}\ a_c$；

15.end for

4.3　基于 GAN-元学习的围捕目标识别方法

元学习可以使人工智能自己学会思考，学会推理是智能算法的关键[48]。在实际的水下环境中，由于水质浑浊、目标遮挡等不利因素的存在，获取目标特征有效数据不全。同时，由于围捕目标形状多变，识别未经过训练的新目标准确率低。针对上述问题，本节提出一种基于 GAN-元学习的围捕目标识别方法。利用 VGG-19 网络对目标图像进行特征提取，利用 WGAN 网络补全缺失目标信息，降低环境干扰对采集图像的影响，保证目标识别的准确率。基于元学习理论，利用随机梯度下降法对特征提取过程的参数变化情况进行训练，使方法具有自主识别能力，提高方法对新类型危险目标的识别能力[49]，本节所提方法具体流程如图 4-4 所示。

4.3.1　GAN 网络与元学习方法

为了实现复杂环境下对新类型目标的成功识别，本节提出 GAN-元学习方法。元学习具有优秀的泛化能力，可以对新的目标或新场景下进行准确识别。但是在真实的水下环境中，采集目标图像时会受到不同程度的干扰。GAN 方法可以补全目标信息，降低环境对目标识别的影响。本节基于元学习理论训练 GAN 模型，使 GAN-元学习模型具备抗干扰能力与泛化能力。

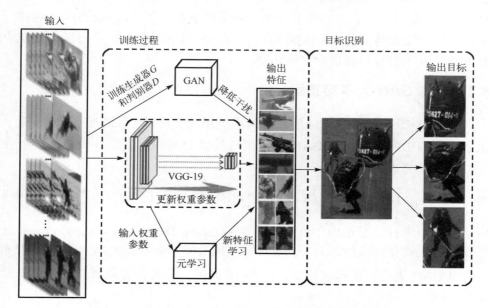

图 4-4　基于 GAN-元学习的危险目标识别算法流程图

在 GAN 中，已知真实图像的分布为 $P_{\text{data}}(x)$，x 是一个真实图像。随机向量 z 作为输入信息，通过生成模型 $G(z)$ 可以生成数据 $P_G(x;\lambda)$。通过调整参数 λ，让 P_G 更加接近 P_{data}，具体公式可以表示为

$$\min_G \max_D V(D,G) = E_{x \sim P_{\text{data}}}\big[\log D(x)\big] + E_{x \sim P_G}\big[\log\big(1 - D(G(z))\big)\big] \quad (4\text{-}6)$$

式中，生成器 G 与判别器 D 同时训练，E 表示期望函数。模型中的参数 λ 确定后仅能对训练目标进行生成，在面对新类型目标时需要重新计算参数 λ。

在元学习中，假设 $M = \{S,A,P,r,\gamma\}$ 是一个马尔可夫决策过程（Markov Decision Process，MDP），S 表示状态集，A 表示动作集，$P : S \times A \times S \to \mathbf{R}$ 表示概率分布，$r : S \times A \to \mathbf{R}$ 为奖励函数，$\gamma \in (0,1]$ 为损失函数。经过一系列的马尔可夫决策过程组成相关任务 $\hat{M} = \{M_i\}_{i=1}^N$。通过对元学习的训练，找到一组参数 λ 和成对的更新方法 U，使得 $U(\lambda)$ 能够有效学习任务 M_i 的处理过程。通过少量的学习训练，可以使元学习方法解决一个新的任务，元学习的目标可以表示为

$$\min_\theta \sum_{M_i} E_{(U(\lambda))}(\gamma_{M_i}) \quad (4\text{-}7)$$

式中，γ_{M_i} 表示 M_i 的损失函数。

综上所述，GAN 模型可以修复训练的目标图像，但是无法对新类型目标进行处理，当目标的形状或者外部属性出现变化时很难再次对其进行识别，方法缺乏

泛化能力。元学习具有良好的泛化能力，但是复杂的水下环境对该方法影响很大。本节将元学习理论与 GAN 模型相结合，使 GAN 具有元学习的学习能力，方法能够对复杂环境下的新目标进行准确识别。

4.3.2　建立 GAN-元学习模型

当多 AUV 采集的目标图像信息受到水下环境干扰时，可通过 GAN 降低干扰对识别图像的影响。基于 WGAN 解决生成模型 D 与判别模型 G 的极大极小值问题，具体计算公式如下

$$\min_G \max_D L_{\text{WGAN}}(D,G) = -E_x\left[D(x)\right] + E_Z\left[D(G(z))\right] + \lambda_W E_{\hat{x}}\left[\left(\nabla_{\hat{x}} D(\hat{x})_2 - 1\right)^2\right] \quad (4\text{-}8)$$

式中，前两项进行沃瑟斯坦距离估计（Wasserstein Distance Estimation），最后一项是网络的正则化梯度的惩罚项。$\hat{x}$ 表示生成的采样数据，λ_W 是一个常数权重。

在 WGAN 进行特征提过程中，VGG-19 网络作为特征提取器，特征提取的损失函数[50]为

$$L_{\text{VGG}}(G) = E_{(x,z)}\left[\frac{1}{whd}\left\|\text{VGG}(G(z)) - \text{VGG}(x)\right\|_F^2\right] \quad (4\text{-}9)$$

式中，$\|\cdot\|_F$ 表示弗洛贝尼乌斯范数（Frobenius Norm），w、h、d 分别表示特征空间的宽度、高度和深度。

对 GAN 训练后，可以使网络具有修复干扰目标图像的能力，降低环境干扰对采集图像的影响，提高图像信息的识别准确率。生成对抗网络的最终训练目标可以表示为

$$\min_G \max_D L_{\text{WGAN}}(D,G) + \lambda_L L_{\text{VGG}}(G) \quad (4\text{-}10)$$

式中，λ_L 表示控制 WGAN 对抗损失和 VGG 感知损失的加权参数。

GAN 针对不同的任务可以训练出对应的权重参数，例如，λ_W 或 λ_L 等权重参数。但是训练后的模型仅适用于相同任务处理，对于新的任务需要重新进行权重参数训练。可以利用元学习对样本进行训练，使方法具有学习能力，不需要重新训练权重参数就能够处理新任务。假设 $p(T)$ 为任务分布，f_θ 是 θ 的参数函数。当模型应用于新任务 T_i 时，根据不同的任务需求，对参数矢量 θ_i' 进行如下更新

$$\theta_i' = \theta - \alpha\nabla_\theta L_{T_i}(f_\theta) \quad (4\text{-}11)$$

式中，α 为元学习的步长，$L_{T_i}(\cdot)$ 表示针对 T_i 任务的损失函数。通过优化 $p(T)$ 任务中的参数矢量函数 $f_{\theta_i'}$ 的性能进行元学习模型参数的训练[51]。具体过程如下

$$\min_{\theta} \sum_{T_i \sim p(T)} L_{T_i}\left(f_{\theta_i'}\right) = \sum_{T_i \sim p(T)} L_{T_i}\left(f_{\theta - \alpha \nabla_{\theta} L_{T_i}(f_{\theta})}\right) \tag{4-12}$$

最终，模型参数 θ 的更新可表示为

$$\theta^* = \theta - \beta \nabla_{\theta} \sum_{T_i \sim p(T)} L_{T_i}\left(f_{\theta_i'}\right) \tag{4-13}$$

式中，β 为学习步长。在 GAN 初始模型进行训练时，元学习模型也对 GAN 的计算过程进行训练，最终使 GAN 模型能够对未训练的干扰目标图像进行修复。

4.3.3　基于 GAN-元学习的围捕目标识别

4.3.3.1　模型训练

从采集的图像中截取目标信息组成训练集 $T = \left\{(X_1, Y_1), (X_2, Y_2), \cdots, (X_k, Y_k)\right\}$，$k \in \mathbf{R}$，其中 X 表示采集图像信息，Y 表示图像标签。从训练集中随机抽取任意两幅图像，即可得到训练数据集 $T_{\text{train}} = \left\{\left(X_{i,j}, Y_{i,j}\right), \left(X_{i+\varsigma, j+\varsigma}, Y_{i+\varsigma, j+\varsigma}\right)\right\}$，其中 i 表示训练数据中第 i 个视频，j 表示该视频的第 j 帧图像，ς 表示视频中取出两帧图像之间的间隔。

通过训练数据集 T_{train} 对 WGAN 中的生成模型 D 与判别模型 G 进行训练，计算最优权重参数 λ。将 WGAN 的权重参数 λ 的变化过程，作为元学习模型的输入信息，对元学习模型参数 θ 进行更新。

λ 与 $X_{i,j}$ 一起输入 VGG-19 网络，并提取特征 $f\left(X_{i,j}\right)$，利用 λ 在 $f\left(X_{i,j}\right)$ 上做卷积操作得到目标信息的响应图像。该响应图像与真实标签之间的差异为损失 L，计算参数更新后的损失如下

$$L = l\left(\lambda^* * f\left(X_{i,j}\right), Y_{i,j}\right) \tag{4-14}$$

式中，$l(\cdot)$ 为损失函数。根据损失 L 更新 WGAN 模型参数 λ 和元学习网路模型参数 θ

$$\begin{cases} \lambda^* = \lambda - \alpha \nabla L_{\lambda} \\ \theta^* = \theta - \beta \nabla_{\theta} \sum_{T_i \sim p(T)} L_{T_i}\left(f_{\theta_i'}\right) \end{cases} \tag{4-15}$$

确定了最优参数 λ 和参数 θ 后，GAN-元学习模型具备更好的泛化能力，在干扰图片修复时能够处理更多类型的目标。同时，能使得后续的目标识别能力更好。

4.3.3.2　围捕目标识别

将采集到具有环境干扰下的目标图像 x 作为卷积神经网络的输入信息，可得到目标图像在神经网络隐空间中的表达 z。然后通过生成器 G 合成图像 $x' = G(z, y)$，其中 y 表示 x 的标签。修复过程可以表示为

$$x_G = M \odot x' + (1 - M) \odot x \qquad (4\text{-}16)$$

式中，M 是一个 0 或者 1 的二元矩阵，表示原图中需要修复的位置区域。$\odot$ 表示元素的乘运算，x_G 表示修复后的图像。

4.4　基于 GAN 的多 AUV 一致性协同控制方法

通过多 AUV 对目标信息进行采集与识别，可以弥补单个 AUV 采集目标信息不足的问题。但是，水下复杂环境干扰对多 AUV 的稳定协同造成一定的影响。GAN[52]为解决上述困难提供了新的思路，其通过生成模型和判别模型生成较为理想的目标数据。结合 GAN 的理论思想以及实际水下复杂环境，时变海流与水声通信延迟导致了单个 AUV 跟踪目标的不确定性和多 AUV 协调的不一致性，这使得多个 AUV 难以形成围捕联盟（多 AUV 均匀分布于目标周围而形成的整体结构，即围捕联盟）。因此，本节提出基于 GAN 的多 AUV 一致性协同围捕方法，结合拉普拉斯矩阵，建立理想环境下拓扑结构，利用 GAN 模型计算干扰后与理想环境的控制率误差，并进行迭代训练，最终生成能够适应当前干扰环境的多 AUV 控制率[53-56]，使多 AUV 系统稳定分布于目标周围并对目标成功围捕。具体流程如图 4-5 所示。

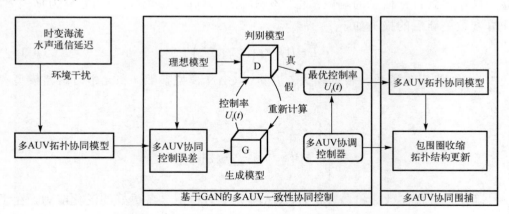

图 4-5　基于 GAN 的多 AUV 一致性协同控制方法总体流程图

4.4.1　三维空间 AUV 运动学模型

为了有效控制多 AUV 围捕联盟更快、更加准确地对非合作目标实现包围，建立了三维空间 AUV 运动学方程。设海平面上任意一点 o 为惯性坐标系原点，AUV 的重心 E 为载体坐标系原点，ox 轴、oy 轴及 oz 轴相互垂直，x 轴和 y 轴在水平面内，z 轴指向地心。具体如图 4-6 所示。

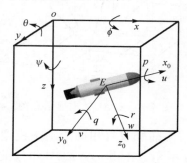

图 4-6　AUV 载体坐标系和惯性坐标系

图中，ϕ、θ、ψ 分别表示 AUV 在世界坐标系中的横倾角、纵倾角、艏向角（以逆时针方向为正）；u、v、w 分别表示载体坐标系下 AUV 的位置坐标；p、q、r 分别表示 AUV 的速度分量。AUV 的状态可以表示为 $\eta = [x, y, z, \phi, \psi, \theta]^{\mathrm{T}}$，其中，$x$、$y$、$z$ 为世界坐标系下位置信息，运动状态可以表示为 $V = [u, v, w, p, r, q]^{\mathrm{T}}$。设 AUV 不能进行侧移和横摇，即 $\phi = 0$，$p = v = 0$。世界坐标系下 AUV 位姿状态可简化为 $\eta = [x, y, z, \psi, \theta]^{\mathrm{T}}$，运动状态 $V = [u, v, w, r, q]^{\mathrm{T}}$。AUV 的三维运动学模型可以表示为

$$\dot{\eta} = \begin{bmatrix} \dot{x} \\ \dot{y} \\ \dot{z} \\ \dot{\psi} \\ \dot{\theta} \end{bmatrix} = J(\eta)V = \begin{bmatrix} \cos\psi\cos\theta & -\sin\psi & \cos\psi\sin\theta & 0 & 0 \\ \sin\psi\cos\theta & \cos\psi & \sin\psi\sin\theta & 0 & 0 \\ -\sin\theta & 0 & \cos\theta & 0 & 0 \\ 0 & 0 & 0 & 1/\cos\theta & 0 \\ 0 & 0 & 0 & 0 & 1 \end{bmatrix} \begin{bmatrix} u \\ v \\ w \\ r \\ q \end{bmatrix} \quad (4\text{-}17)$$

4.4.2　多 AUV 协同拓扑结构

多 AUV 在三维环境中对非合作目标进行围捕，如图 4-7 所示。其中 $\mathrm{AUV}_1 \sim \mathrm{AUV}_n$ 为 AUV 围捕联盟（围捕点），T 为非合作目标，围捕点均匀分布在目标周围。

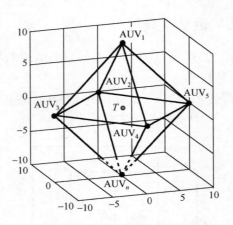

图 4-7　多 AUV 围捕示意图

假设非合作目标具有与围捕联盟有相同的动态模型，并且围捕联盟的通信拓扑是无向连接的，如图 4-8 所示。在由 n 个 AUV 组成的围捕系统中，通信拓扑相关的拉普拉斯矩阵可表示为

$$L = \begin{pmatrix} 4 & -1 & -1 & -1 & -1 & \cdots & 0 \\ -1 & 4 & -1 & 0 & -1 & \cdots & -1 \\ -1 & -1 & 4 & -1 & 0 & \cdots & -1 \\ -1 & 0 & -1 & 4 & -1 & \cdots & -1 \\ -1 & -1 & 0 & -1 & 4 & \cdots & -1 \\ \vdots & \vdots & \vdots & \vdots & \vdots & & \vdots \\ 0 & -1 & -1 & -1 & -1 & \cdots & 4 \end{pmatrix} \tag{4-18}$$

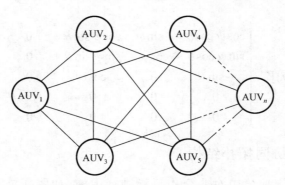

图 4-8　多 AUV 通信拓扑图

将 AUV_i 的动力学方程转化为非线性系统可得

$$\begin{cases} \dot{\eta}_i(t) = f\big(x_i(t)\big) + g\big(x_i(t)\big)u_i(t) \\ v_i(t) = k\big(x_i(t)\big) \end{cases} \tag{4-19}$$

式中，$x_i \in \mathbf{R}^n$ 表示系统状态，u_i 表示系统控制率，v_i 为系统输出。$f(\cdot)$、$g(\cdot)$、$k(\cdot)$ 为具有相应维数的系统函数。结合上述的通信拓扑关系，AUV_i 的控制率 $u_i(t)$ 可以表示为

$$u_i(t) = \delta_i\big(X(t), L(t)\big) \tag{4-20}$$

式中，$X(t) = \big[x_1^{\mathrm{T}}(t), x_2^{\mathrm{T}}(t), \cdots, x_n^{\mathrm{T}}(t)\big]^{\mathrm{T}}$ 表示多 AUV 系统每个个体在 t 时刻的状态集合，$L(t)$ 为 t 时刻拉普拉斯矩阵，$\delta_i(\cdot)$ 表示控制器。具体过程如图 4-9 所示。

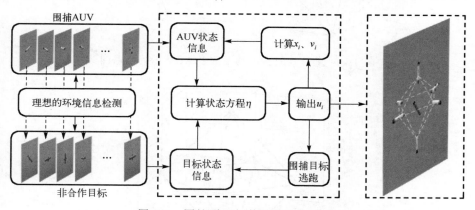

图 4-9　围捕联盟拓扑结构优化过程

4.4.3　基于 GAN 的多 AUV 一致性协同控制

4.4.3.1　多 AUV 协同模型

多 AUV 围捕联盟包围机动非合作目标时，由于非合作目标的逃逸，理想围捕点随时发生变化。通过对非合作目标信息的检测，利用非合作目标信息建立围捕模型，确定各围捕 AUV 的理想围捕位置，如图 4-10 所示。非合作目标由 T 逃逸至 T' 时，AUV_i 理想的围捕点由 $\{A_1, A_2, \cdots, A_6\}$ 变化为 $\{A_1', A_2', \cdots, A_6'\}$。

在三维环境中非合作目标具有逃逸的属性，当逃逸方向指向 AUV_i 间隙中心时，逃逸概率最大，记此点为逃逸点 x^d。非合作目标到点 x^d 的距离为 D，AUV_i 到点 x^d 的距离为 d，只有保持 $D > d$，才能保证非合作目标无法逃脱围捕联盟的围捕，如图 4-11 所示。

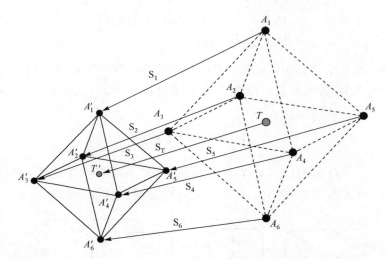

图 4-10　非合作目标机动下的多 AUV 围捕示意图

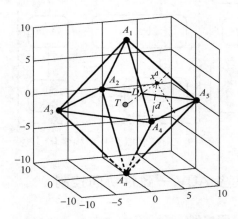

图 4-11　非合作目标逃逸点示意图

假设 t 时刻非合作目标的状态为 $h(t)$，多 AUV 拓扑结构围捕模型可以表示为

$$\begin{cases} \lim\limits_{t \to \infty} \| h(t) - x^d(t) \| \approx 0 \\ \lim\limits_{t \to \infty} \| x_i(t) - x_j(t) \| \approx 0 \\ \lim\limits_{t \to \infty} \| x^d(t) - x_i(t) \| \leqslant \lim\limits_{t \to \infty} \| x^d(t) - h(t) \| \end{cases} \qquad (4\text{-}21)$$

式中，$x_i(t)$ 表示 t 时刻 AUV_i 的实际状态，$x_j(t)$ 表示 t 时刻 AUV_j 的实际状态。

4.4.3.2　GAN 网络一致性协同围捕训练

在实际的水下环境中，多 AUV 会受到时变海流的干扰，同时 AUV 之间的通信延迟也是无法预测的，对多 AUV 的协同带来很大的影响。本节基于 GAN 模型对协同围捕控制策略进行训练与生成。

根据围捕联盟拓扑结构能够生成理想环境下的多 AUV 协同围捕策略，但是 AUV_i 根据控制率 $u_i(t)$ 运动过程中会受到环境的干扰，导致 AUV_i 的实际位置出现不可预测的偏差。利用 GAN 模型对以上数据进行训练，可以生成更加理想的控制率 $U_i(t)$，降低环境对多 AUV 协同围捕策略的影响，提高方法的鲁棒性。

在生成对抗网络中，通过判别器 D 的监督与生成器 G 对生成数据的不断优化，网络自动生成所需数据。根据此理论思想，本节通过训练判别器 D 使生成的控制率数据更加适用于水下干扰环境，公式可以表示为

$$\arg\max_D E_{x \sim P_{\text{data}}}\big[\log D(x)\big] + E_{x \sim P_G}\big[\log\big(1 - D(x)\big)\big] \tag{4-22}$$

式中，x 表示经过时变海流与通信延迟影响后 AUV_i 的实际状态。P_{data} 表示真实数据，本节表示理想环境下的多 AUV 控制率。P_G 表示生成器 G 自动生成的控制率数据，当生成器 G 训练完成后，可以将生成数据最大程度地接近真实数据。生成器的目标是能够生成更加接近理想环境下的协同策略，让判别器无法鉴别生成数据为假。具体公式可以表示为

$$\min_G \max_D V(G, D) = E_{x \sim P_{\text{data}}}\big[\log D(x)\big] + E_{x \sim P_G}\big[\log\big(1 - D(x)\big)\big] \tag{4-23}$$

通过对控制率的优化，生成更加合适的干扰环境的新的控制率，从而降低时变海流与通信延迟对多 AUV 协同围捕策略的影响。

GAN 的训练分为两部分，即生成器训练与判别器训练。在生成器训练过程中，将生成数据与真实数据一起送入判别器，判别器自动辨别真实数据与生成数据。通过判别器的不断迭代，使判别器 D 对两种类型的数据具有一定的辨别能力。判别器的更新过程如下

$$\begin{cases} L = \dfrac{1}{m}\sum_{i=1}^{m}\log D(x_i) + \dfrac{1}{m}\sum_{i=1}^{m}\big(1 - \log D(x_i)\big) \\ \theta_d \leftarrow \theta_d + \gamma \nabla L(\theta_d) \end{cases} \tag{4-24}$$

式中，L 表示损失函数，θ_d 表示判别器参数，γ 表示更新的步长，m 表示批量数据的大小。

确定判别器参数后，更新生成器的参数。将时变海流与通信延迟干扰环境下多 AUV 控制率输入生成器，将生成器新生成的控制率标签设置为 1。然后送到判

别器进行判别，将误差反馈至生成器中。训练后的生成器能够生成抵抗时变海流与通信延迟干扰的控制率 $U_i(t)$，更新公式为

$$\begin{cases} L = \dfrac{1}{m}\sum_{i=1}^{m}\log\left(1 - D\left(G\left(U_i\right)\right)\right) \\ \theta_g \leftarrow \theta_g + \gamma\nabla L\left(\theta_g\right) \end{cases} \tag{4-25}$$

对判别器与生成器进行迭代训练，当判别器 D 无法区分生成数据的真假时，生成的数据可以作为真实数据使用，则控制率 $U_i(t)$ 在复杂的水下环境中能够更加准确地控制多 AUV 系统。

为实现多 AUV 围捕系统一致性协同，基于离散信息的协调控制器设计方法，使多 AUV 围捕联盟中 AUV_i 满足以下关系

$$U_i(t) = K\sum_{j \in N_i}a_{ij}(t)\left(\xi_j(t_k) - \xi_i(t_k)\right), \quad t_k \leqslant t < t_{k+1} \tag{4-26}$$

式中，K 为控制器增益，a_{ij} 为邻接矩阵，$\xi_i(t_k)$ 与 $\xi_j(t_k)$ 分别表示 AUV_i 与 AUV_j 在 t_k 时刻的系统状态。

通过引用 GAN 模型的数据生成能力，生成时变海流与通信延迟干扰下的多 AUV 协同围捕策略，能够有效提升非合作目标的围捕成功率，使方法能够具有更好的鲁棒性。具体流程如表 4-2 所示，原理图如图 4-12 所示。

表 4-2 基于 GAN 的多 AUV 一致性协同控制方法

输入：目标状态信息 $[u,v,w,p,r,q]^{\mathrm{T}}$，围捕 AUV 个数
输出：非合作目标的围捕策略及 AUV_i 控制率
1. 根据非合作目标状态计算理想状态的多 AUV 围捕策略；
2. 计算 AUV_i 的控制率 $u_i(t)$；
3. 围捕 AUV 受到时变海流与通信延迟影响，实际位置与理想位置有误差；
4. 围捕 AUV 实际位置作为 GAN 输入 x；
5. 生成器 G 生成新的控制率 $U_i(t)$；
6. if 判别器 D 判定 $U_i(t)$ 为真
7.   跳转至步骤 10；
8. if 判别器 D 判定 $U_i(t)$ 为假
9.   跳转至步骤 5；
10. 计算多 AUV 一致性协同关系；
11. 输出 AUV_i 的控制率 $U_i(t)$；

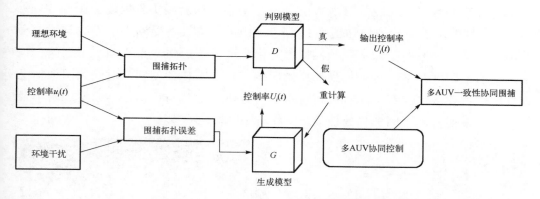

图 4-12　基于 GAN 的多 AUV 一致性协同控制方法流程图

4.5　协同围捕仿真与结果分析

4.5.1　湖试实验

为了验证本章方法的合理性与有效性，本节对提出方法进行水下实验验证，实验地点为河南科技学院西湖。为验证设备的环境适应性以及方法的有效性，在水面结冰的恶劣环境下进行水下信息采集与探测实验，实验前的破冰工作如图 4-13 所示。

图 4-13　湖试破冰现场图

　　本次湖试通过有线设备对水下信息进行采集与探测，实验现场如图 4-14 所示。采集到的水下原始图像如图 4-15 所示，由于水下设备受到水下光线与浑浊度的干扰，采集的原始图像出现颜色偏差与模糊现象，这将严重影响水下探测与识别过程的准确度。本节对采集到的原始图像进行清晰化预处理，对原始图像信息进行修正，使方法能够更加有效地对水下目标进行探测与识别，从而实现水下目标的成功围捕。水下图像预处理效果如图 4-16 所示。

图 4-14　湖试实验现场图

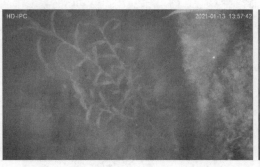

图 4-15　水下采集原始图像

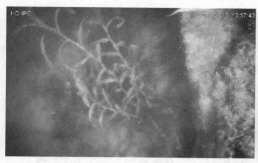

图 4-16　水下预处理图像

　　由于本章所提出的复杂环境下多 AUV 协同围捕方法分为目标的探测、识别以及多 AUV 的协同控制，本节对以上分别进行实验验证。在图像处理过程中所使用的数据集有公开数据集，也有自制数据集，且自制数据集已经在网上公开。针对本章提出的基于迁移强化学习的多 AUV 目标探测方法、基于 GAN-元学习的围捕目标识别方法以及基于 GAN 的多 AUV 一致性协同控制方法分别进行相应的实验仿真与测试，对应的实验结果与具体数据分析将在本节中详细说明。

4.5.2　基于迁移强化学习的多 AUV 目标探测方法

4.5.2.1　实验设置

　　仿真计算均在显卡为 Nvidia GeForce RTX 3090、处理器为 Intel Core i9-10900K 的小型服务器上运行。本章方法在 Window10 系统下的 Pycharm 中进行数据的模拟。本章实验基于 SUN 数据集对方法进行目标探测训练与特征提取。迁移强化学习方法的阈值 τ 的取值将影响方法的效率与准确率。对阈值 τ 的不同取值进行数据分析发现，当阈值 τ 的取值偏小时，可以降低方法的计算量，提高目标探测的速度，但是目标探测准确率将会下降。当阈值 τ 的取值偏大时，可以提高方法的探测准确率，但是探测速度将会下降，也会增大方法的计算量。不同阈值 τ 下时间与准确率的具体数据如表 4-3 所示。根据表 4-3 数据结果可以得出，当阈值 $\tau = 0.6$ 时，迁移强化学习方法的收益最高，后续以 $\tau = 0.6$ 进行目标识别仿真。

表 4-3　阈值 τ 与识别时间和准确率的关系

τ	0.35	0.4	0.45	0.5	0.55	0.60	0.65	0.7	0.75
时间/（ms/img）	35.28	36.67	37.94	40.43	42.81	43.27	45.09	47.63	51.92
准确率/%	74.87	76.51	80.46	83.29	85.73	86.43	86.42	86.44	86.45

4.5.2.2　水下目标探测仿真与结果分析

首先对多 AUV 采集到不同视角下的目标图像信息进行归一化处理，然后通过多视角信息融合的迁移强化学习方法对图像进行探测。基于迁移强化学习方法的探测过程如图 4-17 所示。

图 4-17　基于迁移强化学习方法的多角度目标探测（见彩图）

第 1 列图形为原始图，作为目标探测算法的输入信息。第 2～3 列为目标探测过程中的特征提取。其中，第 2 列图像中黄色区域表示方法对感兴趣区域的初步判定，确定目标的大致区域。第 3 列与第 4 列图像表示对目标特征的识别训练与图像二值化。最后一列图像为带有识别标签的输出信息，黄色矩形内表示目标特征信息，红色矩形表示识别的目标结果。通过多角度信息融合，对不同角度图像的识别准确率分别为 86.19%、84.63%、85.47% 和 81.92%。

目前，在多视角识别方面出色的方法有 AD-GAN[36]、MV-C3D[37]、NJSR-ATR[38] 和 MARA[48]。通过 4 个不同视角对水下目标（潜水员、海龟、鲸鲨、鱼）进行探测。在不同光线下对 4 种目标进行多视角目标探测，不同方法的探测准确率如表 4-4 所示，探测效果如图 4-18 所示。

表 4-4　多视角方法目标探测准确率　　　　　　　　　　（单位：%）

方法	潜水员	海龟	鲸鲨	鱼	平均
AD-GAN	82.93	83.49	81.56	80.19	82.04
MV-C3D	83.39	85.17	82.79	81.42	83.19

续表

方法	潜水员	海龟	鲸鲨	鱼	平均
NJSR-ATR	79.47	77.35	77.04	76.38	77.56
MARA	81.92	80.41	80.17	79.53	80.51
本章方法	84.55	84.76	85.23	83.04	84.40

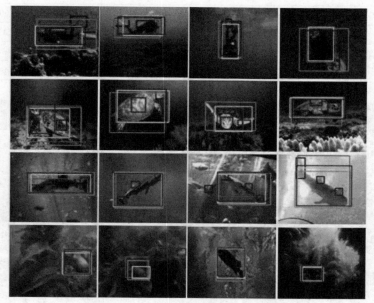

——本章方法　——AD-GAN　——MV-C3D　——NJSR-ATR　——MARA

图 4-18　多视角方法目标探测结果比较（见彩图）

在对海龟目标进行探测时，MV-C3D 的探测准确率最高为 85.17%，比本章方法高 0.41%。但是在光线不足时对鲸鲨和鱼的识别准确率出现了降低的情况，4 种目标的平均识别率只有 83.19%。AD-GAN 随着光线的变化识别准确率降低，平均识别准确率为 82.04%。NJSR-ATR 与 MARA 的识别准确率波动较小，但是平均识别准确率分别为 77.56% 与 80.51%。本章方法对潜水员、鲸鲨和鱼的探测准确率最高，平均识别准确率最高为 84.40%。以上数据集表明本章方法在光线环境干扰下依然具有优秀的目标探测能力。

实际水下环境中多 AUV 会受到环境的不同干扰，例如，水体浑浊、光线不足、目标遮挡、背景复杂与目标重叠等。本章算法针对以上影响进行仿真，并与 R-FCN[57]、Faster R-CNN[58]、JCS-Net[59]、OHEM[60]、FP-SSD[61]、YOLO[62]进行比较。各方法的基本设置如表 4-5 所示。不同方法的探测效果如图 4-19 所示。

表 4-5　不同方法的网络模型与图像输入大小设置

方法	主干网络	图像大小
R-FCN	ResNet-101	1000×600
Faster R-CNN	VGG-16	1000×600
JCS-Net	VGG-16	227×227
OHEM	VGG-16	1000×600
FP-SSD	VGG-16	512×512
YOLO	DarkNet-19	448×448
Ours	VGG-16	800×600

——本章方法　　——R-FCN　　——Faster R-CNN　　——JCS-Net　　——OHEM　　——FP-SSD　　——YOLO

图 4-19　不同方法的探测结果（见彩图）

　　最左边的一列重叠的图像表示需要识别的原始图像，右边图像从上到下分别表示水体浑浊、目标遮挡、光线不足、背景复杂与目标重叠环境影响下的目标图像。本章方法主要通过关键特征进行识别，并以红色矩形标出，在物体遮挡、目标重叠方面表现更加优秀。同时，本章方法通过迁移强化学习方法，能够通过很少的现有样本进行训练，对相似的目标物进行准确探测。

为了进一步验证本章方法的有效性，与现有方法进行比较，具体探测数据如表 4-6 所示。当光线不足时，探测准确率最高为 R-FCN 的 81.47%，探测时间为 91.52ms/img。JCS-Net 在目标重叠情况下探测时间最少为 43.72ms/img，但是目标探测准确率仅有 63.18%。OHEM 在水质浑浊的情况下，目标探测的时间最少为 43.29ms/img，但是目标探测准确率为 69.17%。其他方法的探测准确率与探测时间没有特别优秀的数据，但是这些方法在不同干扰环境下识别数据相对稳定。

在光线不足的情况下，本章方法的目标探测准确率为 81.41%，比 R-FCN（81.47%）低 0.06%。但是本章方法的目标探测时间为 44.72ms/img，与 R-FCN（91.52ms/img）相比降低了 51.14%。在目标重叠的情况下，本章方法的目标探测时间比 JCS-Net 多 0.53ms/img。在水质浑浊的环境下，本章方法的目标探测时间比 OHEM 多 2.52ms/img。在其他干扰环境下，本章方法的表现情况更为优秀，平均探测准确率最高为 82.82%，平均探测时间最低为 44.33ms/img。对以上数据分析显示，本章方法既降低了多种水下干扰环境的影响，又保证了目标探测的实时性与准确率。

表 4-6　不同方法的目标探测结果

方法	水质浑浊		物体遮挡		光线不足		背景复杂		目标重叠		平均	
	准确率/%	t/(ms/img)	准确率/%	t/(ms/img)	准确率/%	t/(ms/img)	准确率/%	t/(ms/img)	准确率/%	t/(ms/img)	准确率/%	t/(ms/img)
R-FCN	78.94	92.65	80.73	87.65	81.47	91.52	79.61	88.71	80.92	85.39	80.33	89.18
Faster R-CNN	70.61	54.76	64.28	57.81	61.59	55.43	63.54	58.49	65.83	61.94	65.17	57.69
JCS-Net	61.32	46.37	62.58	43.64	60.61	45.96	61.85	46.81	63.18	43.72	61.91	45.30
OHEM	69.17	43.29	67.81	46.37	68.64	45.25	62.87	51.37	65.62	59.43	66.82	49.14
FP-SSD	76.49	58.92	77.54	60.91	73.67	62.41	71.19	67.19	75.31	64.51	74.84	62.79
YPLO	74.28	56.41	75.17	59.29	72.93	57.39	68.92	59.28	71.45	54.17	72.55	57.31
本章方法	81.53	45.81	83.16	43.27	81.41	44.72	84.03	43.59	83.97	44.25	82.82	44.33

综上所述，本章方法在光线不足的情况下探测准确率不是最高，但是在其他干扰环境下表现优秀。在各干扰环境的平均数值方面，探测准确率最高达到 82.82%，探测时间最低为 44.33ms。后续研究注重方法的探测效率，降低方法的探测时间，提高方法的鲁棒性。

4.5.3　基于 GAN-元学习的危险目标识别方法

4.5.3.1　实验设置

仿真计算均在显卡为 Nvidia GeForce RTX 3090、处理器为 Intel Core i9-10900K 的小型服务器上运行。本章方法在 Window10 系统下的 Pycharm 中进行数据的模拟。本实验基于 UT（Underwater Target）对围捕数据集目标进行训练。其中危险目标包括水下侦察设备、潜艇、蛙人以及鱼雷。

4.5.3.2　危险目标识别仿真与结果分析

在识别前对方法进行初始训练，将 UT 数据集中样本分为训练数据与测试数据，并将不同大小图像归一化为 320 像素×280 像素，样本数据如表 4-7 所示。

表 4-7　目标样本统计

目标	水下侦察设备		潜艇		蛙人		鱼雷	
	训练	测试	训练	测试	训练	测试	训练	测试
样本量	691	173	807	202	351	88	243	61

在训练过程中，对水下侦察设备、潜艇、鱼雷及蛙人进行目标识别训练，如图 4-20 所示。针对水质浑浊、光线不均匀、目标重叠等不同环境下目标图像进行训练，并在测试过程中加入新类型的目标图像，通过测试集检测本章方法的有效性以及准确性。具体识别准确率如表 4-8 所示。

图 4-20　GAN-元学习初始训练

　　可以看出，本章方法能够对水下不同种类目标进行有效识别。在正常环境下对水下目标识别的平均准确率达到 92.43%，在其他干扰环境下识别的准确率有所下降，但是识别准确率基本保持在 83%以上。同时，通过本章方法，在对没有经过训练的新类型目标识别时，识别的准确率可以达到 84.31%，可以实现新类型目标的自主识别。由于光线问题对图像采集信息的影响较大，此类型干扰环境对本章方法影响较大，在后续的研究中需要进一步加强。在不同目标类型的平均识别准确率方面，鱼雷的识别准确率最低为 85.36%。这是由于鱼雷与水下侦察设备的外形较为相似，在识别过程中容易造成识别错误，后续会针对此方面问题进一步优化与研究。

表 4-8　基于 GAN-元学习目标识别方法的准确率　　（单位：%）

目标类型	正常环境	水质浑浊	光照不均匀	目标重叠	新类型目标	平均准确率
水下侦察设备	93.18	87.31	84.42	88.64	83.17	87.34
潜艇	92.56	89.34	85.09	87.49	85.06	87.91
蛙人	93.41	88.26	83.23	88.92	86.38	88.04
鱼雷	90.57	86.09	81.15	86.35	82.62	85.36
平均准确率	92.43	87.75	83.47	87.85	84.31	—

　　在实际水下环境中，多 AUV 在进行目标图像采集时会受到环境的干扰，例如，水体浑浊、光线不足、目标遮挡等因素。本章针对以上影响因素进行仿真，并与 YOLO[62]、Mask R-CNN[63]、Faster R-CNN[64]、FP-SSD[65]、AMEAN 进行比较。识别结果如图 4-21 所示。

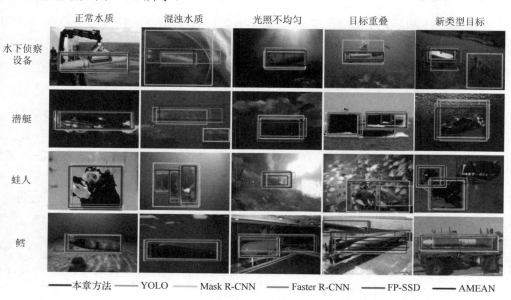

图 4-21　水下危险目标识别结果（见彩图）

　　六种方法在不同的环境下进行目标识别。在正常环境下，每种方法都能够准确识别四种类型的水下危险目标。在对潜艇目标进行识别时，Mask R-CNN 只识别出乌龟，没有识别远处模糊的潜艇目标。YOLO、Faster R-CNN、FP-SSD 与AMEAN 对四个蛙人目标识别时，只识别出三个目标。在光线不均匀的情况下，YOLO、Faster R-CNN、FP-SSD 仅识别出橙色鱼雷，没有识别出右侧黑色鱼雷。在目标重叠时，仅有 Faster R-CNN、FP-SSD 与本章方法准确识别图像中的蛙人目标，其他方法都出现不同程度的误差。在对最后一列第三幅图像进行识别时，仅有本章方法与 AMEAN 识别出新类型危险目标，其他方法只识别出两个蛙人目标。在其余图像的识别过程中，每种方法都具有优秀的识别能力。

　　多种方法在不同干扰环境下对危险目标识别的准确率如表 4-9 所示。

表 4-9　不同方法在不同环境下对危险目标识别的准确率　　（单位：%）

方法	正常水质	混浊水质	光照不均匀	目标重叠	新类型目标	平均识别率
YOLO	87.62	75.61	72.43	81.53	65.38	76.91
Mask R-CNN	86.41	72.43	71.51	75.81	60.47	73.33
Faster R-CNN	88.17	81.29	82.96	81.95	74.19	81.71
FP-SSD	90.51	83.17	86.72	82.71	75.22	83.67
AMEAN	91.89	80.56	81.82	83.92	81.64	83.97
本章方法	91.53	87.05	86.59	87.26	84.93	87.47

　　在正常环境下，AMEAN 的识别准确率最高为 91.89%，比本章方法高 0.36%。在水质浑浊的环境下，本章方法的识别准确率最高为 87.05%，比 AMEAN 算法高 6.49%。在光照不均匀的情况下，FP-SSD 的准确率最高为 86.72%，本章方法的准确率为 86.59%。然而，在目标重叠的环境下，本章方法的准确率比 FP-SSD 高 4.55%。YOLO、Mask R-CNN 和 Faster R-CNN 在不同干扰环境下识别准确率没有特别优秀的数据，但是这些方法在不同干扰环境下准确率相对稳定。在对新类型目标识别时，除了本章方法与 AMEAN，其他对比方法的识别准确率出现明显下降。对新类型目标的识别准确率最高为本章方法的 84.93%，比 AMEAN 的识别准确率高 3.29%。在多类型目标的平均识别准确率方面，本章方法最高为 84.4%，分别比 AMEAN 与 FP-SSD 高 3.5% 与 3.8%。

　　对以上数据分析显示，本章方法既能够降低多种水下干扰环境的影响，又保证了目标识别的准确性。元学习理论的加入，增加方法的泛化能力，本章方法能够对未经过训练的新危险目标进行准确识别。

4.5.4　基于 GAN 的多 AUV 一致性协同控制方法

4.5.4.1　实验设置

本节方法的训练与测试均在 MATLAB R2016a 软件上运行，服务器硬件配置：CPU 为 E5-2630 v4，主频为 2.2GHz，内存为 32GB。设 AUV 航行深度为 10m，航行速度为 $u=1.5\mathrm{m/s}$，时变海流与通信延迟对 AUV 的影响服从正态分布。设置 AUV 的初始状态为 $[0,0,10,0]$，采样点为 0.1s。

4.5.4.2　多 AUV 一致性协同控制仿真与结果分析

对本章 GAN 模型进行训练，如图 4-22 所示。红色曲线代表真实目标信息，蓝色曲线表示生成器生成的围捕 AUV 控制信息。

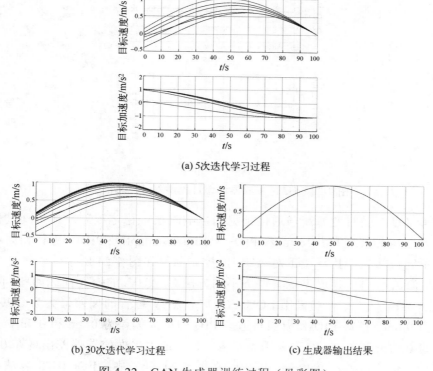

(a) 5次迭代学习过程

(b) 30次迭代学习过程　　　　　　　　(c) 生成器输出结果

图 4-22　GAN 生成器训练过程（见彩图）

图 4-22（a）中，蓝色线条在不断地接近红色线条。图 4-22（b）表示方法经过 30 次的迭代学习，多数蓝色线条接近或者覆盖红色线条，表示模型生成的数据正在向真实值趋近。图 4-20（c）表示系统输出最优控制策略。

GAN 方法生成器训练过程中数据误差如图 4-23 所示，最终输出误差为 3%。

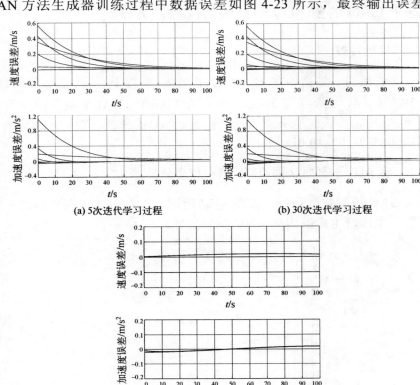

(a) 5次迭代学习过程　　　　　　　　(b) 30次迭代学习过程

(c) 生成器输出结果

图 4-23　GAN 生成器训练过程误差（见彩图）

　　围捕 AUV 受时变海流与通信延迟的影响时很难稳定控制。在仿真过程中，将本章方法与 LQG/LTR[54]、Fuzzy PID[55]与 Fuzzy adaptive PID[56]进行相同环境下比较。不同方法在干扰环境下对 AUV 的控制曲线如图 4-24 所示。

　　时变海流与通信延迟干扰条件下不同方法对 AUV 的控制曲线如图 4-24 所示。在图 4-24（a）中，当采用 LQG/LTR 时，AUV 位置的偏差最大为 0.99m，平均偏差为 0.6m。模糊 PID 和模糊自适应 PID 的最大偏差为 0.8m 和 0.7m，平均位置误差为 0.57m 和 0.46m。当采用本章方法时，最大平面位置偏差出现在 0.5m 范围内，平均位置偏差在 0.42m 范围内。在图 4-24（b）中，LQG/LTR 算法在控制深度的最大偏差为 0.97m，平均偏差为 0.43m。模糊 PID 方法和模糊自适应 PID 方法的最大偏差分别为 0.92m 和 0.6m，平均深度偏差分别为 0.46m 和 0.33m。采用本章方法对 AUV 深度进行控制时，最大偏差仅有 0.42m，平均偏差可以控制在

0.21m 范围内。与上述四种方法相比，本章方法在复杂干扰环境下对 AUV 控制更加稳定。

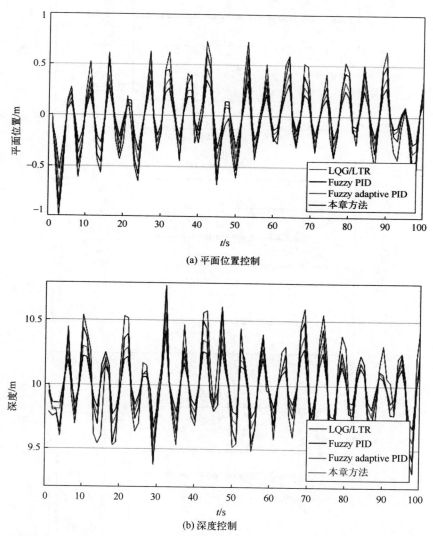

(a) 平面位置控制

(b) 深度控制

图 4-24　时变海流与通信延迟干扰条件下不同方法对 AUV 的控制曲线

　　基于 GAN 的多 AUV 一致性协同围捕方法，可以降低时变海流与通信延迟在多 AUV 围捕过程中的影响。将本章方法分别与其他方法在相同干扰环境下进行多 AUV 系统一致性比较。每个初始位置是向非合作目标的围捕点的 AUV 添加环境误差而产生的。仿真结果如图 4-25 所示。

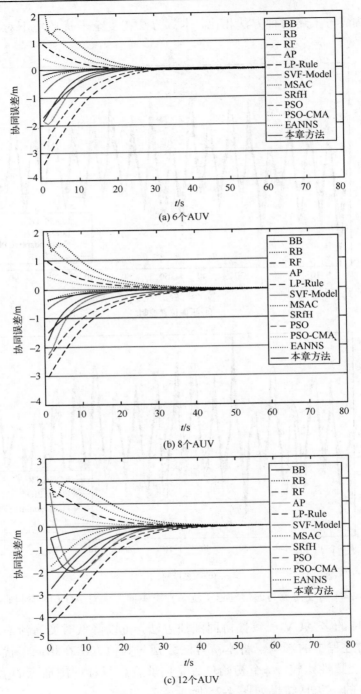

(a) 6个AUV

(b) 8个AUV

(c) 12个AUV

图 4-25　多 AUV 一致性协同误差

在图 4-25 中显示了围捕 AUV 数量分别为 6、8 和 12 的一致性协同误差曲线。在围捕 AUV 数量为 6 个时，一致性协同误差最小为本章方法的 0.21m。随着围捕 AUV 数量的增加，一致性协同误差数值也会增大，当围捕 AUV 数量为 12 时，本章方法最大一致性误差仅为 0.51m。在其他方法中，围捕 AUV 数量为 6 时，一致性协同误差最小的 EANNS 为 0.37m，但是会随着围捕 AUV 数量的增加而增大。当围捕 AUV 数量为 12 时，一致性协同误差会达到 0.94m。从以上数据分析中，本章方法能够有效降低时变海流与通信延迟对多 AUV 系统的影响，但是本章方法的收敛速度相对较慢，需要在以后的工作中对方法继续优化。

对不同方法在相同干扰环境下进行非合作目标围捕仿真，围捕时间与成功率如表 4-10 所示。当围捕 AUV 数量为 6 时，BB 的围捕时间最少为 53.34s，但是围捕成功率只有 65.29%。当围捕 AUV 数量为 8 时，PF 的围捕时间最少为 62.58，围捕成功率最高是本章方法的 84.74%。当围捕 AUV 数量增加到 12 个时，围捕成功率最高为本章方法的 85.25%，围捕时间最少为 56.37s。

表 4-10　多 AUV 围捕实验

方法	AUV=6		AUV=8		AUV=12		平均值	
	t/s	成功率/%	t/s	成功率/%	t/s	成功率/%	t/s	成功率/%
BB	53.34	65.29	69.25	67.61	75.74	74.15	66.11	69.02
RB	56.58	69.32	64.92	72.15	71.52	76.57	64.34	72.68
PF	65.69	58.53	62.58	61.82	60.25	70.06	62.84	63.47
AP	68.36	70.36	70.35	74.16	76.51	80.72	71.74	75.08
LP-Rule	69.48	76.29	73.29	79.58	84.86	83.56	75.88	79.81
SVF-Model	64.26	82.37	71.47	82.94	76.52	83.25	70.84	82.53
MSAC	63.57	79.71	65.52	80.32	69.26	84.17	66.12	81.40
SRFH	69.32	74.91	64.21	76.77	60.17	79.83	64.57	77.17
PSO	79.17	77.40	80.21	78.16	83.07	82.57	80.82	79.38
PSO-CMA	70.34	82.46	68.26	83.74	62.71	84.36	67.10	83.52
EANNS	69.27	82.18	64.38	82.62	59.36	84.04	64.34	82.95
本章算法	67.63	84.07	63.59	84.74	56.37	85.25	62.53	84.69

综上所述，本章方法在围捕 AUV 数量为 6 个和 8 个时围捕时间不是最低，但是围捕成功率均为最高，并且没有出现较大浮动。在时变海流与通信延迟的干扰环境下，其平均围捕成功率最高为 84.69%，围捕时间为 62.53s。但是本章方法的收敛速度相对较慢，后续会对方法继续优化，降低方法的围捕时间，提高围捕的成功率。

4.6 本 章 小 结

本章针对多 AUV 协同围捕过程中采集目标有效特征不足、新类型目标准确识别以及时变海流与通信延迟干扰等问题，提出一种多 AUV 协同围捕方法。

本章所提出的基于 GAN 的多 AUV 一致性协同围捕方法，虽然降低了时变海流与通信延迟对多 AUV 一致性协同过程的影响，但是协同围捕过程中需要进行大量数据运算，当协同 AUV 数量增多时，造成方法的实时性不理想。在以后的工作过程中，拟加入迁移学习的思想对多 AUV 协同方法进行优化，避免大量的重复性计算，以提高协同方法的实时性。同时，增大多 AUV 系统的应用场景，将集群系统的优势拓展至更多领域。

参 考 文 献

[1] Miller P A, Farrell J, A Zhao Y Y, et al. Autonomous underwater vehicle navigation. IEEE Journal of Oceanic Engineering, 2010, 35(3): 663-678.

[2] Caharija W, Pettersen K Y, Bibuli M, et al. Integral line-of-sight guidance and control of underactuated marine vehicles: theory, simulations, and experiments. IEEE Transactions on Control Systems Technology, 2016, 24(5): 1623-1642.

[3] 甘文洋, 朱大奇. 基于行为策略的 AUV 全覆盖信度函数路径规划算法. 系统仿真学报, 2018, 30(5): 1857-1868.

[4] 王晓伟, 姚绪梁, 夏志平, 等. 欠驱动 AUV 三维直线路径跟踪控制. 控制工程, 2020, 186(6): 61-67.

[5] Bobkova V A, Kudryashova A P, Mel'mana S V, et al. Autonomous underwater navigation with 3D environment modeling using stereo images. Gyroscopy and Navigation, 2018, 9(1): 67-75.

[6] 霍宇彤, 郭晨, 于浩淼. 欠驱动 AUV 三维路径跟踪 RBF 神经网络积分滑模控制. 鱼雷技术, 2020, 28(2): 131-138.

[7] Shen C, Shi Y, Buckham B. Trajectory tracking control of an autonomous underwater vehicle using Lyapunov-based model predictive control. IEEE Transactions on Industrial Electronics, 2018, 65(7): 5796-5805.

[8] 刘丽萍, 王红燕. 基于海流观测的欠驱动 AUV 自适应反演滑模轨迹跟踪. 天津大学学报 (自然科学与工程技术版), 2020, 53(7): 745-753.

[9]   Garcia D, Valeriano-Medina Y, Hernández L, et al. Wave disturbance compensation for AUV diving control in shallow water environment. Journal of Applied Research and Technology, 2020, 17(5): 326-337.

[10] Tanakitkorn K, Wilson P A, Turnock S R, et al. Depth control for an over-actuated, hover-capable autonomous underwater vehicle with experimental verification. Mechatronics, 2017, 41: 67-81.

[11] Ni J, Yang L, Wu L, et al. An improved spinal neural system-based approach for heterogeneous AUVs cooperative hunting. International Journal of Fuzzy Systems, 2018, 20(2): 672-686.

[12] 梁璨, 房芳, 马旭东. 一种多机器人协作探索未知环境与地图构建的系统设计. 工业控制计算机, 2019, 32(5): 82-84.

[13] Chen M, Zhu D. Multi-AUV cooperative hunting control with improved Glasius bio-inspired neural network. Journal of Navigation, 2019, 72(3): 759-776.

[14] Cao X, Yu H C, Sun H B. Dynamic task assignment for multi-AUV cooperative hunting. Intelligent Automation and Soft Computing, 2019, 25(1): 25-34.

[15] 张红强, 吴亮红, 周游, 等. 复杂环境下群机器人自组织协同多目标围捕. 控制理论与应用, 2020, 37(5): 117-125.

[16] Kim S, Yoo Y. MAC delay-free AUV localization based on hyperbolic frequency modulation signal. Journal of Korean Institute of Communications and Information Sciences, 2018, 43(3): 541-552.

[17] Xiao G, Wang B, Deng Z, et al. An acoustic communication time delays compensation method for master-slave AUV cooperative navigation. IEEE Sensors Journal, 2017, 17(2): 504-513.

[18] Kim J, Joe H, Yu S C, et al. Time-delay controller design for position control of autonomous underwater vehicle under disturbances. IEEE Transactions on Industrial Electronics, 2016, 63(2): 1052-1061.

[19] Liang Q, Sun T, Shi L. Reliability analysis for mutative topology structure multi-AUV cooperative system based on interactive Markov chains model. Robotica, 2017, 35(8): 1761-1772.

[20] 庞师坤, 王健, 易宏, 等. 基于传感探测系统的多自治水下机器人编队协调控制. 上海交通大学学报, 2019, 53(5): 549-555.

[21] 崔健, 赵林, 于金鹏, 等. 多 AUV 系统的自适应有限时间一致性跟踪控制. 中国海洋大学学报(自然科学版), 2019, (S1): 170-176.

[22] 徐博, 李盛新, 王连钊, 等. 一种基于自适应神经模糊推理系统的多 AUV 协同定位方法. 中国惯性技术学报, 2019, 27(4): 440-447.

[23] Zhu D Q, Yun Q U, Yang S X. Multi-AUV SOM task allocation algorithm considering initial orientation and ocean current environment. Frontiers of Information Technology and Electronic Engineering, 2019, 20(3): 330-341.

[24] Wu D, Yan Z, Chen T. Cooperative current estimation based multi-AUVs localization for deep ocean applications. Ocean Engineering, 2019, 188(15): 1-9.

[25] 魏娜, 刘明雍, 程为彬. 基于 D-S 证据论的多 AUV 协同搜索决策. 现代电子技术, 2020, 43(11): 15-19.

[26] Li Y, Song B, Kang X, et al. Vehicle-type detection based on compressed sensing and deep learning in vehicular networks. Sensors, 2018, 18(12): 4500.

[27] Li X, Li C, Wang P, et al. SAR ATR based on dividing CNN into CAE and SNN//The 5th Asia-Pacific Conference on Synthetic Aperture Radar (APSAR), Marina Bay Sands, 2015.

[28] Ren S, Girshick R, Girshick R, et al. Faster R-CNN: towards real-time object detection with region proposal networks. IEEE Transactions on Pattern Analysis and Machine Intelligence, 2017, 39(6): 1137-1149.

[29] Bayar B, Stamm M C. Constrained convolutional neural networks: a new approach towards general purpose image manipulation detection. IEEE Transactions on Information Forensics and Security, 2018, 13(11): 2691-2706.

[30] Chen J, Du L, He H, et al. Convolutional factor analysis model with application to radar automatic target recognition. Pattern Recognition, 2019, 87: 140-156.

[31] Tao L, Jiang X, Li Z, et al. Multiscale incremental dictionary learning with label constraint for SAR object recognition. IEEE Geoscience and Remote Sensing Letters, 2019, 16(1): 80-84.

[32] Zhang J, Jin X, Liu Y, et al. Small sample face recognition algorithm based on novel siamese network. Journal of Information storage and Processing Systems, 2018, 14(6): 1464-1476.

[33] Xiang C, Sun H, Jan G E. Multi-AUV cooperative target search and tracking in unknown underwater environment. Ocean Engineering, 2018, 150: 1-11.

[34] Cao X, Zuo F. A fuzzy-based potential field hierarchical reinforcement learning approach for target hunting by multi-AUV in 3-D underwater environments. International Journal of Control, 2018, (3): 1-12.

[35] Gjanci P, Petrioli C, Basagni S, et al. Path finding for maximum value of information in multi-modal underwater wireless sensor networks. IEEE Transactions on Mobile Computing, 2018, 17(2): 404-418.

[36] Cao J, Hu Y, Yu B, et al. 3D aided duet GANs for multi-view face image synthesis. IEEE Transactions on Information Forensics and Security, 2019, 14(8): 2028-2042.

[37] Xuan Q, Li F, Liu Y, et al. MV-C3D: a spatial correlated multi-view 3D convolutional neural networks. IEEE Access, 2019, 7: 92528-92538.

[38] Zhang H, Nasrabadi N M, Zhang Y, et al. Multi-view automatic target recognition using joint sparse representation. IEEE Transactions on Aerospace and Electronic Systems, 2012, 48(3): 2481-2497.

[39] Chou K P, Prasad M, Wu D, et al. Robust feature-based automated multi-view human action recognition system. IEEE Access, 2018, 6: 15283-15296.

[40] Cai L, Luo P, Zhou G, et al. Maneuvering target recognition method based on multi-perspective light field reconstruction. International Journal of Distributed Sensor Networks, 2019, 15(8): 1-12.

[41] Cai L, Luo P, Zhou G, et al. Multiperspective light field reconstruction method via transfer reinforcement learning. Computational Intelligence and Neuroence, 2020, 2020(3): 1-14.

[42] Cai L, Luo P, Zhou G. Multistage analysis of abnormal human behavior in complex scenes. Journal of Sensors, 2019, 2019: 1-10.

[43] 林锋, 徐柳婧, 陈晓华, 等. 一种基于多视角特征融合的 Webshell 检测方法. 电信科学, 2020, 36(6): 129-136.

[44] Luo P, Cai L, Zhou G, et al. Multiagent light field reconstruction and maneuvering target recognition via GAN. Mathematical Problems in Engineering, 2019, (10): 1-10.

[45] 江悠, 张道强, 张俊艺. 基于多图核的迁移学习方法. 模式识别与人工智能, 2020, (6): 488-495.

[46] 贺亮, 徐正国, 贾愚, 等. 深度强化学习复原多目标航迹的 TOC 奖励函数. 计算机应用研究, 2020, 37(6): 1626-1632.

[47] Cai L, Sun Q K, Xu T, et al. Multi-AUV collaborative target recognition based on transfer-reinforcement learning. IEEE Access, 2020, 8: 39273-39284.

[48] 赵文仓, 王春鑫. 基于特征更新的元学习方法. 信息技术, 2020, 44(8): 50-54.

[49] Sun Q, Cai L. Multi-AUV target recognition method based on GAN-meta learning//The International Conference on Advanced Robotics and Mechatronics (ICARM), Shenzhen, 2020: 374-379.

[50] Yang Q, Yan P, Zhang Y, et al. Low-dose CT image denoising using a generative adversarial network with Wasserstein distance and perceptual loss. IEEE Transactions on Medical Imaging, 2018, 37(6): 1348-1357.

[51] Fu K, Zhang T, Zhang Y, et al. Meta-SSD: towards fast adaptation for few-shot object detection with meta-learning. IEEE Access, 2019, 7: 77597-77606.

[52] Goodfellow I J, Pouget-Abadie J, Mirza M, et al. Generative adversarial networks. Advances in Neural Information Processing Systems, 2014, 3: 2672-2680.

[53] Cai L, Sun Q K. Multiautonomous underwater vehicle consistent collaborative hunting method based on generative adversarial network. International Journal of Advanced Robotic Systems, 2020, 17: 1-10.

[54] Zeng W, Li J, Hui T, et al. LQG/LTR controller with simulated annealing algorithm for CIADS core power control. Annals of Nuclear Energy, 2020, 142: 1-8.

[55] Cao X, Sun H, Guo L. A fuzzy-based potential field hierarchical reinforcement learning approach for target hunting by multi-AUV in 3-D underwater environments. International Journal of Control, 2018: 1-12.

[56] Duan K, Lv M. Fuzzy control and fuzzy adaptive PID control for mobile robot. Electronic Test, 2019, (11): 113-114.

[57] Zhang X. Noise-robust target recognition of SAR images based on attribute scattering center matching. Remote Sensing Letters, 2019, 10(2): 186-194.

[58] Jia L, Wang Z. Real-time traffic sign recognition based on efficient CNNs in the wild. IEEE Transactions on Intelligent Transportation Systems, 2019, 20(3): 975-984.

[59] Pang Y, Cao J, Wang J, et al. JCS-Net: joint classification and super-resolution network for small-scale pedestrian detection in surveillance images. IEEE Transactions on Information Forensics and Security, 2019, 14(12): 3322-3331.

[60] Shrivastava A, Gupta A, Girshick R. Training region-based object detectors with online hard example mining//IEEE Conference on Computer Vision and Pattern Recognition, Seattle, 2016: 761-769.

[61] Qin P, Li C, Chen J, et al. Research on improved algorithm of object detection based on feature pyramid. Multimedia Tools and Applications, 2018, (2): 1-15.

[62] Zhao K, Zhu X, Jiang H, et al. Dynamic loss for one-stage object detectors in computer vision. Electronics Letters, 2018, 54(25): 1433-1434.

[63] Su H, Wei S, Yan M, et al. Object detection and instance segmentation in remote sensing imagery based on precise mask R-CNN//The IEEE International Geoscience and Remote Sensing Symposium, Yokohama, 2019: 1454-1457.

[64] Li J, Wang Z. Real-time traffic sign recognition based on efficient CNNs in the wild. IEEE Transactions on Intelligent Transportation Systems, 2019, 20(3): 975-984.

[65] Chen Z, Zhuang J, Liang X, et al. Blending-target domain adaptation by adversarial meta-adaptation networks//The IEEE/CVF Conference on Computer Vision and Pattern Recognition (CVPR), Long Beach, 2019: 2243-2252.

第 5 章　基于多视角光场重构的非合作
目标探测与识别方法

5.1　绪　　论

5.1.1　引言

随着信息技术与人工智能时代的到来，人们获取外部信息的媒介也呈多元化发展。图像作为最普遍、最直观的信息获取方式之一，已经覆盖人们生活的各个方面。图像与目标识别技术早在 20 世纪 60 年代就被应用到办公自动化的字符识别系统中[1]。进入 21 世纪，随着计算机运算能力的增强，目标识别从手写体发展到人脸识别、步态分析、场景识别乃至无人驾驶领域的机动目标识别。手机、平板电脑、行车记录仪、无人机等设备的出现，使得目标的成像方式多样，且目标数据中的噪声、遮挡、扭曲等干扰严重影响了机动目标识别的实时性和准确性。

1936 年，Gershun 提出光场的概念，并指出光场是在一个给定方向上一点的全光函数，函数值表示单位面积上的光亮度[2]。由于光场较大的数据量和较高的获取成本，现实中光场的获取俨然成为一个难点。1996 年，Levoy 首次把光场的概念引入计算机图形学领域，并且将光线的 7 维函数表达式简化为 4 维函数表达式，通过利用少量的场景几何信息实现对整个光场的渲染，在初次光场重构中就取得了较好的效果[3]。

光场是空间中包含位置和方向信息的 4 维光辐射场的参数化表示，即光场包含了在不同位置和不同角度对同一物体进行拍摄的所有图像。多视角光场是将一个全光场用多个视角表示，通过多个视角间的协同与协作关系将各自捕获的目标信息进行融合，得到多视角下的光场数据集。由此可见，光场可以天然地作为目标图像的特征库。

随着光场重构技术的迅速发展，基于光场特征库的机动目标识别在机器视觉、图像处理等多个领域被广泛研究。很多学者利用光场在角度域的稀疏性，对目标物进行监测与识别。在目标识别中，光场重构技术的运用可以忽略拍摄图像的角度问题，减少目标识别的条件约束，使其应用范围更加广泛。在军事领域，目标识别可应用于目标侦察、反恐作战、导弹制导、搜索与救援、空域内目标监控等；在民用领域，目标识别可应用于航空航天、生物医学、智能交通、智能安全监控及运动跟踪等。

5.1.2　国内外研究现状

5.1.2.1　目标识别研究现状

近年来，图像处理中的目标识别技术已迅速成为人工智能领域的焦点。在国内外学者们的努力下，无论是理论研究还是应用研究，相关的成果和技术都得到了极大的发展。为改善多目标检测与追踪方法的实时性，郑玺[4]提出一种基于OpenCV的组合优化多目标检测追踪方法。该方法采用混合滤波避免了高斯拟合过程，实验结果表明了该方法的时效性。马也[5]针对红外图像中的人体目标识别提出一种改进的背景减除方法，利用 HOG 特征来描述人体目标，并在实验中证明了微小目标干扰环境下的抗干扰能力。唐聪[6]分析了SSD对小目标检测存在不足的原因，提出一种多视窗小目标检测方法，并在实验的测试集中验证了方法的可靠性。罗栩豪[7]提出一种基于 SIFT 算子和假设检验的方法来应对汽车辅助驾驶系统中的动态目标检测的需求。该方法通过小波多分辨率分析和相邻帧间特征点位置估计实现了快速全局背景运动参数补偿，并通过三帧差分法解决了传统假设检验方法漏检的问题。田壮壮[8]针对雷达图像提出一种新的目标识别方法。该方法在误差代价函数中引入了类别可分性度量，提高了卷积神经网络的分类能力。为了检测复杂天空背景下低空慢速小目标，吴言枫[9]提出一种动态背景下"低小慢"目标自适应实时检测方法，并在多组场景的实验中验证了该方法的鲁棒性。Nam[10]提出一种基于判别训练的卷积神经网络，该方法使用大量数据对 CNN 进行预训练，并获得目标的表示。该网络对新序列目标跟踪时，通过共享层与新的二进制分类层（可在线更新）组合来构建新的网络。与现有跟踪基准中的一些方法相比，该算法是有效的。Zhang[11]提出一种多专家恢复方案。在实验中，其提出的多专家恢复方案显著提高了跟踪器的鲁棒性，尤其是在频繁遮挡和重复使用的情况下。Tao[12]介绍一种匹配功能强大的连体式实例搜索跟踪器（Siamese INstance Search Tracker）。该跟踪器仅将第一帧目标的初始补丁与新帧中的候选者匹配，并通过学习匹配函数返回最相似的补丁。实验表明，该跟踪器还能在目标中断的情况下对其重新识别。对于缺乏训练数据的视觉跟踪方法，Danelljan[13]提出一种基于判别相关滤波器的空间正则化判别滤波器。目标是在惩罚学习中引入空间正则化分量相关滤波器。实验表明，该方法的识别精度高于测试数据集中的现有跟踪器。Valmadre[14]提出一种训练线性模板以区分目标图像的方法。该方法将闭式滤波器解释为差分学习器，并克服了深度神经网络中可微层的限制。实验表明，该方法达到了最先进的性能，与现有方法相比，帧速率更高。传统的 CNN 模型没有考虑学习权重实例会降低图像识别的精准度，为解决上述问题，Hao[15] 提出一种基于 CNN 的优化图像识别模型。该方法首先检索每个学习实例的目标区域，其次将增强权重模型用于优化 CNN 模型，实验结果表明该方法的优越性。

为了实现深度学习算法在二维彩色图像检测中的应用，Hu[16]提出一种基 3D DSF R-CNN 的多目标检测方法。该方法将图像的 RGB 信息和深度信息同时作为输入，并利用最佳权重融合特征。实验表明，该方法在保证检测时间的同时，提高了检测率和成功率。Ren[17]将区域提议网络与 Fast R-CNN 方法相结合，实验表明该方法减少了目标检测的时间。Girshick[18]提出一种基于快速区域卷积网络的方法用于目标检测。该方法在原有 R-CNN 对目标有效分类的基础上提高了训练和测试速度。Redmon[19]介绍一种可以对 9000 多种对象实时检测的系统 YOLO9000，该方法结合现有同类方法提高了运行速度。同时提出联合训练目标检测和分类方法，提高了该方法的泛化能力。Liu[20]提出一种基于深度神经网络的单个物体检测方法，该方法将具有不同分辨率的多特征图像进行组合来处理各种大小的目标。针对标记训练样本数据稀缺的问题，Girshick[21]对辅助任务进行有监督的预训练。实验结果表明，该方法提高了目标识别的准确率。

5.1.2.2　光场重构研究现状

想要得到目标物完整的光场是难以实现的，庞大的数据量、复杂的场景以及过长的耗时都成为构建光场的阻碍。因此，诸多国内外学者提出了光场重构的概念，并利用光场的稀疏性从局部已知信息重构出目标的未知信息。速晋辉[22]根据光场成像原理，对比了非聚焦型光场相机和聚焦型光场相机的成像原理、采样模式和成像特点，并通过实验验证了两种方法的可行性。为了提高傅里叶变换重构成像的采样效率和图像质量，Zhu[23]提出一种空间复用的重建方法。实验结果表明，该方法重建的傅里叶光谱具有更好的可见度和信噪比。Lu[24]通过深度卷积神经网络有效解决了水下光场图像的散射问题。Wang[25]提出一种空间可变的双向反射分布函数不变性理论，用于恢复光场相机中的 3D 形状和反射率，并进行了大量的实验以证明其方法。Zhao[26]提出一种结合光场成像的 3D 火焰温度测量光学截面层成像技术。与常规成像相比，该方法具有简单快速的优势。Cai 提出一种新方法来实现 SLF[27]和 Depth-SLF[28]的三维重建。该方法设计灵活的校准策略来确定每个光场射线的映射系数，实验表明，该方法适用于 SLF 三维重建。为了记录光的方向信息，Chen[29]提出选择性结构关键视图编码器。该方法与传统方法相比，性能得到显著提高。Schedl[30]通过最小化代表性全局字典的一致性提出一种角度超分辨率方法来获得最佳的采样样本。实验结果表明，该方法与传统方法发生了本质的变化。为了解决微透镜中光场相机空间分辨率的局限性，Zhou[31]提出一种高分辨率重构的方法，实验结果展示了放大率为 8 的重构可靠性。Zeshan[32]

提出一种混合立体成像系统。实验结果表明，该方法有效解决了光场相机存在的问题，并保留了光场成像的能力。Vagharshakyan[33]介绍一种基于光场相机重构的图像渲染技术，该方法的核心在于剪切变换了域中 EPI 的稀疏表示。在 3D 实验场景下，该方法性能显示卓越。Wu[34]提出一种新的基于卷积神经网络的框架用于光场重构，该方法还有效抑制了因图像信息不对称造成的重影问题。在多个数据集的上展现了该方法的优越性。为了解决复杂遮挡区域内滤波技术失效的难点，Waidyanathan[35]介绍一种可分离重构滤波器。实验表明，与之前方法相比，该方法是高效的。目前窄基线和受限空间分辨率限制了光场相机的应用，针对上述问题，Wang[36]设计一个光场相机和高分辨率单反相机结合的混合成像系统。Zhou[37]提出一种图像识别方法，并将光场作为特征提取库首次应用于图像识别领域。同时，该方法可以有效解决不同相机拍摄角度的图像识别问题。Cai[38]为了解决单视角光场有限及光场重构难的问题，提出基于多视角重构光场的机动目标识别方法，该方法利用多视角观测一致性均值对机动目标做出了有效估计，并通过实验证明了该方法的可靠性。Luo[39]针对光场重构所需数据不足的问题，提出基于 GAN 的多视角光场重构方法，该方法利用 GAN 生成和增强数据的特点，增加了光场重构时的数据，提高了光场重构的准确性。为了解决光场重构的时效性，Cai[40]提出基于迁移强化学习的多视角光场重构方法，实验表明该方法缩短了光场重构的时间，并通过显著性假设检验验证了方法的有效性。

5.1.3　主要研究内容

本章以光场重构和机动目标识别作为研究对象，重点针对光场重构所需数据量大且难以获取，与机动目标受遮挡模糊等干扰造成的目标识别率不理想的问题，结合现有算法提出基于多视角光场重构的非合作目标探测与识别方法，如图 5-1所示。

本章主要研究内容如下。

（1）基于多视角的光场重构方法。首先，将光场表示为多视角光场，并利用其稀疏性进行重构；其次，结合多智能体与分布式协同理论建立区域全覆盖约束下的多视角光场协作机制；最后，对各视角光场信息融合，完成机动目标识别。

（2）基于 GAN 的多视角光场重构方法。首先，建立原光场的多视角表示模型；其次，将多智能体协作机制引入光场重构中。通过多视角捕获目标数据融合，得到所有观测数据一致性均值；最后，建立 GAN 多视角重构模型，利用 GAN 生成数据和增强数据的特点，解决了重构光场数据不足的问题。

（3）基于迁移强化学习的多视角光场重构方法。首先，建立相似度量模型，根据源域和目标域的相似度阈值，自主选择强化学习模型或特征迁移学习模型；

其次,建立强化学习模型,利用多主体 Q 学习来学习目标域与源域相似的特征集;
最后,建立特征迁移学习模型,使用 PCA 获得源域与目标域的最大嵌入空间用于
标签数据迁移。

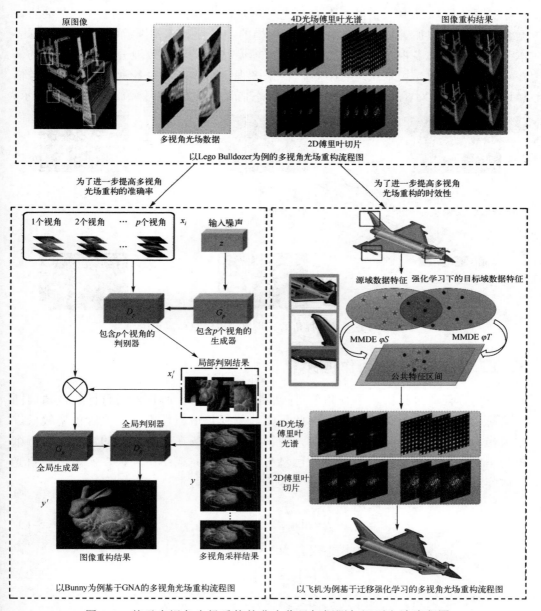

图 5-1　基于多视角光场重构的非合作目标探测与识别方法流程图

5.2　基于多视角的光场重构方法

实际应用场景中，获得一个完整光场是难以实现的。在重构过程中大量的数据会导致误差增加等问题，以至于光场重构的实时性和识别准确率不理想。因此，本节提出光场的多视角表示模型，运用该模型将全光场有效地分为多视角光场，并对多视角下的光场依次进行重构。根据多视角协作机制对各视角捕获的图像信息进行融合，并对机动目标做出有效的状态估计，该方法具体流程如图 5-2 所示。

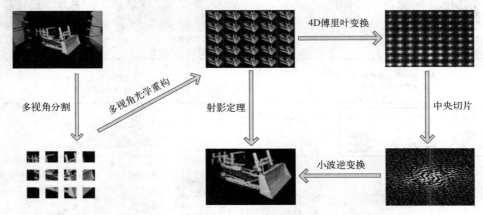

图 5-2　基于多视角的光场重构方法总体流程图

5.2.1　多视角光场的协作机制

在执行任务过程中，单视角的可视范围是有限的，而且机动目标及视角周围的信息也都是迅速发生变化的。由此可见，单视角适应性不强，执行效率较低。本节提出多视角光场间的协作机制，使得多视角光场在执行任务的过程中，每个视角下的子光场可根据自身光场的信息与目标信息完成角色互换，实现多视角光场协作[41-43]。多视角光场有向图表示模型如图 5-3 所示。

各视角间存在对角矩阵

$$I = \mathrm{diag}\{\lambda_1, \lambda_2, \cdots, \lambda_N\} \tag{5-1}$$

那么，设各视角之间的状态误差为

$$\overline{\xi_i}(k) = \xi_i(k) - \xi_0(k) \tag{5-2}$$

此时，各视角间状态误差的闭环系统为

$$\overline{\xi}(k+1) = \left(I_N \otimes \overline{A}\right)\overline{\xi}(k) - \left(I_N \otimes \overline{B}\right)\delta\left(\left(M \otimes cR^{-1}\overline{B}^{\mathrm{T}}P\overline{A}\right)\overline{\xi}(k)\right) \tag{5-3}$$

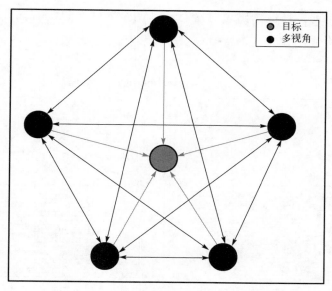

图 5-3　多视角光场有向图表示模型

由多个视角组成的有向图网络，每个视角的动态性能为

$$x_i(k+1) = Ax_i(k) + B\delta_\phi(u_i(k)), \quad i = 1,2,3,\cdots,n \qquad (5\text{-}4)$$

令某一视角 x_i 的状态方程为

$$x_i(k+1) = Ax_n(k) \qquad (5\text{-}5)$$

根据上述公式可以得到 x_n 视角的状态方程，并证明各视角间协作的全局性

$$\begin{cases} V(k) = \overline{\xi}^{\mathrm{T}}(k)(M \otimes P)\overline{\xi}(k) \\ \Delta V(k) \leqslant \overline{\xi}_s^{\mathrm{T}}(k)\left(M \otimes \left(\overline{A}_s^{\mathrm{T}} P_s \overline{A}_s - P_s\right)\right)\overline{\xi}_s(k) \leqslant 0 \end{cases} \qquad (5\text{-}6)$$

$\Delta V(k) \leqslant 0$ 时，在有向图拓扑结构下各视角协作全局性达到一致。设目标 Z 处于多视角联盟分布 $c_i = \{a_1, a_2, \cdots, a_n\}$，多视角联盟有效监测函数为 $v(c_i)$，在对目标 Z 执行任务时，各视角间形成的联盟分布状态的联盟效用函数为 $\sum_{i=1}^n v(c_i) = v(Z)$。若 $\sum_{i=1}^n v(c_i) < v(Z)$，必有两个视角联盟 c_i、c_{i+1}，合并后的增量为

$$v(c_i \bigcup c_{i+1}) - v(c_i) - v(c_{i+1}) \geqslant 0 \qquad (5\text{-}7)$$

　　由式（5-7）得，目标物出现时必有相邻两个或两个以上视角光场协作对其进行监测，如图 5-4 所示。

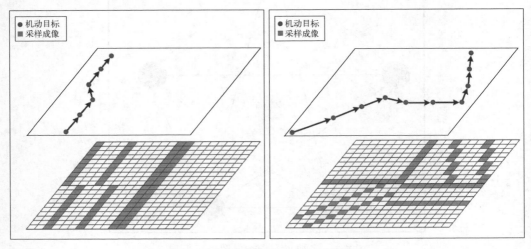

图 5-4　多视角光场协作采样模型

5.2.2　多视角光场信息融合的机动目标识别方法

　　多视角光场进行调度时，重点是如何确定机动目标为同一目标物。该部分运用本节算法对进入监测区域的机动目标进行特征点匹配目标识别[47-51]。一幅图像的高斯尺度空间可由其不同的高斯卷积得到，其中 $G(x,y,\sigma)$ 为高斯核函数

$$L(x,y,\sigma)=G(x,y,\sigma)*I(x,y) \tag{5-8}$$

$$G(x,y,\sigma)=\frac{1}{2\pi\sigma^2}\mathrm{e}^{\frac{x^2+y^2}{2\sigma^2}} \tag{5-9}$$

式中，σ 为尺度空间因子，也是高斯正态分布的标准差，反映了图像被模糊的程度，其值越大图像越模糊，对应的尺度也就越大。设 k 为相邻的两个光场捕获图像的高斯尺度比例因子，则 DOG 的定义为

$$D(x,y,\sigma)=\left[G(x,y,k\sigma)-G(x,y,\sigma)\right]*I(x,y)=L(x,y,k\sigma)-L(x,y,\sigma) \tag{5-10}$$

式中，$L(x,y,\sigma)$ 是图像高斯尺度空间，通过卷积得到的 DOG 局部极值点存在于离散空间内。离散空间里的极值点不一定是真正意义上存在的，因此要将不满足条件的极值点去除，即低对比度的特征点和不稳定的边缘响应点。在机动目标上选取特征点 x，定义偏移量 Δx，其对比度为 $\left|D(x)\right|$，即

$$D(x) = D + \frac{\partial D^{\mathrm{T}}}{\partial x}\Delta x + \frac{1}{2}\Delta x^{\mathrm{T}}\frac{\partial^2 D}{\partial x^2}\Delta x \qquad (5\text{-}11)$$

由于 x 是 $D(x)$ 的极值点，所以对上式求导并令其为 0，即

$$\Delta x = -\frac{\partial^2 D^{-1}}{\partial x^2}\frac{\partial D(x)}{\partial x} \qquad (5\text{-}12)$$

设对比度阈值为 T，最后把求出的 Δx 代入式（5-29）中

$$D(\hat{x}) = D + \frac{1}{2}\frac{\partial D^{\mathrm{T}}}{\partial x}\hat{x} \qquad (5\text{-}13)$$

若 $|D(\hat{x})| \geqslant T$，该特征点保留，否则舍去。

5.2.3　实验结果与分析

5.2.3.1　实验设置

在本节实验中，使用 Windows10 系统下的 MATLAB 进行实验仿真。仿真计算在小型服务器上运行，该服务器具有 E5-2630 v4 的 CPU、2.2GHz 的主频和 32GB 的内存。为确保实验的可行性，将斯坦福大学光场库作为实验数据集，并将数据集中的光场图像大小统一为 256×256。在光场重构的采样方案中，采用线性采样模型，采样率即采样数量与角度域的比值，而且将实验结果与现有方法进行了比较。

5.2.3.2　光场重构实验结果与分析

本次实验选取的数据为斯坦福大学光场库中的 Chess、Lego Bulldozer、Bracelet 和 Treasure Chest，并与文献[25]、文献[26]、文献[27]和文献[32]提出的方法进行了比较分析。不同方法光场重构结果与性能比较如图 5-5 和表 5-1 所示。

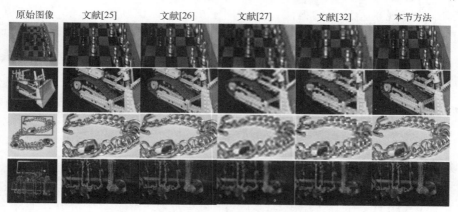

图 5-5　光场重构结果

表 5-1　光场重构方法比较

	文献[25]		文献[26]		文献[27]		文献[32]		本节方法	
	t/s	准确率/%	t/s	准确率/%	t/s	准确率/%	t/s	准确率/%	t/s	准确率/%
Chess	573	93.028	841	86.395	660	84.881	554	89.297	**486**	**95.726**
Lego Bulldozer	648	**93.583**	867	83.761	713	74.625	627	79.531	**583**	92.447
Bracelet	**235**	95.702	615	90.599	439	86.022	372	90.862	328	**96.213**
Treasure Chest	501	91.394	793	85.912	594	79.681	633	83.694	**449**	**92.198**

由于文献[26]方法应用背景的限制，其重构时间均在 615s 以上，且重构精度均小于 91%。文献[25]与文献[32]方法都是光场相机方面的创新，并且文献[25]方法在 Lego Bulldozer 中的重构准确率为 93.583%，在 Bracelet 中的重构时间为 235s，这两个指标均优于本节方法。本节方法在 Chess、Lego Bulldozer 和 Treasure Chest 数据集中重构时间均小于其他方法，在 Chess、Bracelet 和 Treasure Chest 数据集中重构准确率均高于其他方法。在光场重构实验结果的八个参数中，本节方法重构时间均小于 583s，重构准确率均高于 92.198%，且有六个参数指标高于其他方法。因此，实验证明本节方法是有效的。

5.3　基于 GAN 的多视角光场重构方法

GAN 中存在两个模型：生成模型（用来捕获分布数据）和判别模型（用来估计样本来自训练数据的概率）。该框架相当于两个模型不断博弈的过程[52]。在光场的实际应用中，重构样本数据的不足严重影响了光场重构结果的准确率，而且单视角有限的可视范围又会造成机动目标的丢失[53]。针对上述问题，本节提出基于 GAN 的多视角光场重构方法，并应用于机动目标识别领域。该方法建立多视角光场表示模型，并根据多视角数据得到所有视角的观测信息一致性均值，同时利用 GAN 生成数据和增强数据的特点，解决了因样本数据不足导致光场重构难的问题，该方法具体流程如图 5-6 所示。

5.3.1　基于 GAN 的多智能体光场重构方法

最初提出生成对抗网络时，对于生成器，它需要学习并拟合数据从噪声空间到数据空间的映射，形式化表示为 $G:G(z)\rightarrow \mathbf{R}^{|x|}$，其中 z 为服从某分布的噪声，表示为 $z\in \mathbf{R}^{|z|}$。对于判别器，它需要学习输入图像数据的概率分布，形式化表示为 $D:D(x)\rightarrow(0,1)$，其中 x 为输入判别器的图像数据。在概率分布中 0 表征"假"，

1 表征"真"。当输入数据是由生成器映射出的生成数据时，判别器输出为 0，表示此时的数据输入是假的，表示为

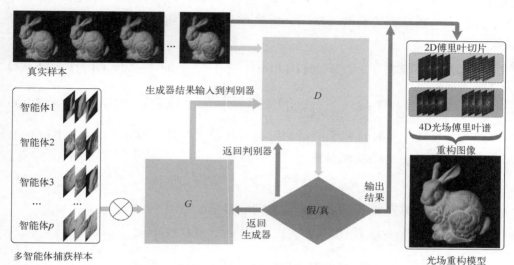

图 5-6　基于 GAN 的多视角光场重构方法

$$\max_D V(D,G) = E_{X \sim P_{\text{data}}(x)}\Big[\log\big(D(x)\big)\Big] + E_{z \sim P_z(z)}\Big[\log\big(1 - D(G(x))\big)\Big] \quad (5\text{-}14)$$

对于生成器所生成的图像数据能"欺骗"判别器，使得判别器无法分辨出该数据是生成的"假"数据还是来源于训练数据集中的"真"数据，表示为

$$\min_G V(D,G) = E_{z \sim P_z(z)}\Big[\log\big(1 - D(G(z))\big)\Big] \quad (5\text{-}15)$$

生成判别网络本质上是一个优化问题，将整个网络归纳为

$$\min_G \max_D V(D,G) = E_{x \sim P_{\text{data}}(x)}\Big[\log\big(D(x)\big)\Big] + E_{z \sim P_z(z)}\Big[\log\big(1 - D(G(z))\big)\Big] \quad (5\text{-}16)$$

在多视角光场重构中，将不再添加学习随机噪声 z 到目标数据空间的映射，而需加入光场重构的采样样本，形式化表达为 $G : G(x,z) \rightarrow \mathbf{R}^y$。那么条件生成对抗网络的损失函数可表示为

$$L_{\text{cGAN}}(D,G) = E_{x,y \sim P_{\text{data}}(x,y)}\Big[\log\big(D(x,y)\big)\Big] + E_{x \sim P_{\text{data}}(x),z \sim P_z(z)}\Big[\log\big(1 - D(x,G(x,z))\big)\Big] \quad (5\text{-}17)$$

若目标是生成与某幅图像相应的图像，则需要在条件生成对抗网络的目标函数上添加一个损失约束。对于本节提出的基于 GAN 的多视角光场重构这一要求，需要添加生成图像与真实图像在 L_2 空间下的损失约束，即

$$L_{L_2}(G) = E_{x,y \sim P_{\text{data}}(x,y),z \sim P_z(z)}\Big[y - G(x,z)_2^2\Big] \quad (5\text{-}18)$$

待重构光场图像集合 $\{x_i\}_{i=1}^N \in X$ 希望通过生成器 G 将其映射到清晰图像域 $\{y_i\}_{i=1}^N \in Y$。将多视角在 GAN 模型中表示为多判别器，D_g 表示全局判别网络，D_p 表示包含 p 个智能体的判别网络，并将多视角捕获的图像作为输入，对应的对抗损失函数为

$$L_{\text{GAN}}\left(D_g, G\right) = E_{x,y\sim P_{\text{data}}(x,y)}\Big[\log\big(D(x,y)\big)\Big] + E_{x\sim P_{\text{data}}(x)}\Big[\log\big(1-D(x,G(x))\big)\Big] \quad (5\text{-}19)$$

$$L_{\text{GAN}}\left(D_p, G\right) = E_{y\sim P_{\text{data}}(y)}\Big[\log\big(D(y)\big)\Big] + E_{x\sim P_{\text{data}}(x)}\Big[\log\big(1-D(G(x))\big)\Big] \quad （5\text{-}20）$$

保证各智能体在对目标光场重构时与目标像素保持一致，得 $G: x \to G(x) \approx y$。那么，光场重构损失的目标函数为

$$L_{\text{content}}\left(G\right) = E_{x,y\sim P_{\text{data}}(x,y)}\Big[G(x) - y_2^2\Big] \quad （5\text{-}21）$$

因此，本节得到所有视角下光场重构的目标函数为

$$L_{\text{P-GAN}}\left(D_P, D_g, G\right) = L_{\text{GAN}}\left(D_P, G\right) + L_{\text{GAN}}\left(D_g, G\right) + L_{\text{content}}\left(G\right) \quad （5\text{-}22）$$

$$G^* = \arg\min_G \max_{D_p D_g} L\left(G, D_P D_g\right) \quad （5\text{-}23）$$

最后，得出基于 GAN 的多视角光场重构模型，如图 5-7 所示。

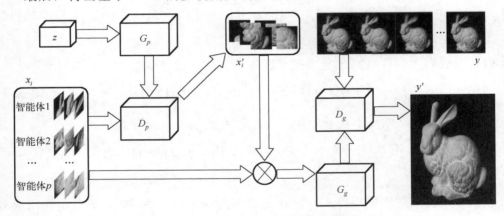

图 5-7　基于 GAN 的多视角光场重构模型

5.3.2　实验结果与分析

5.3.2.1　实验设置

在本节的实验中，使用 Windows10 系统下的 MATLAB 进行实验仿真。仿真计算在小型服务器上运行，该服务器具有 E5-2630 v4 的 CPU、2.2GHz 的主频和

32GB 的内存。为确保实验的可行性，将斯坦福大学光场数据库中的 Lego Truck、Eucalyptus Flower、Bunny 和 Tarot 作为实验数据集，并将数据集中的光场图像大小统一为 256×256。在光场重构的采样方案中，采用线性采样模型，采样率即采样数量与角度域的比值，而且将实验结果与文献[35]~文献[38]所提方法做了比较。

5.3.2.2　光场重构实验结果与分析

不同方法光场重构结果和性能比较分别如图 5-8 和表 5-2 所示。

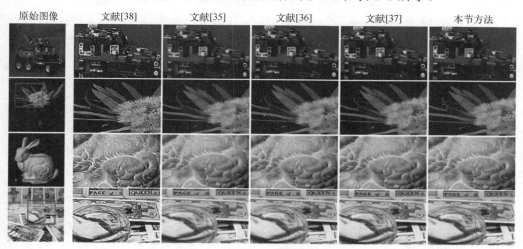

图 5-8　光场重构结果

表 5-2　光场重构方法比较

	文献[38]		文献[35]		文献[36]		文献[37]		本节方法	
	t/s	准确率/%	t/s	准确率/%	t/s	准确率/%	t/s	准确率/%	t/s	准确率/%
Lego Truck	**503**	90.205	537	82.625	627	85.713	549	83.403	521	**92.613**
Eucalyptus Flower	**467**	91.037	504	85.481	581	88.186	522	87.668	499	**92.017**
Bunny	531	93.462	621	88.597	686	90.335	617	88.235	**507**	**94.552**
Tarot	546	**90.759**	**437**	80.924	613	87.581	505	82.043	534	90.036

在 Lego Truck 数据集中，由于重构部分的结构复杂，本节方法的重构时间比文献[38]方法多 18s，但是本节方法重构准确率为 92.613%，在同类方法中是最高的。同时在 Eucalyptus Flower 数据集中，本节方法的重构准确率为 92.017%，也是同类方法中最高的。Bunny 数据的重构部分虽然纹理比较复杂，但本节方法在此数据集中表现出了优异的成绩，重构时间为 507s，重构准确率为 94.552%。在 Tarot 数据集中，尽管重构部分包含了文本信息，但本节方法也显示出良好的效果，

但重构时间和重构准确率均不是最佳值。从整体实验结果的八个参数中可以看出，本节方法具有优于同类方法的 50% 的参数，特别是在重构精度方面。

5.4　基于迁移强化学习的多视角光场重构方法

与传统成像相比，光场包含的图像信息更广泛，图像质量更高。然而，光场重构可用数据有限且数据的重复计算严重影响了多视角光场重构的准确性和实时性。针对上述问题，将迁移学习和强化学习方法引入多视角光场重构领域，提出一种基于迁移强化学习的多视角光场重构方法，首先，建立相似度量模型，并根据相似度阈值自主选择强化学习或特征迁移学习模型。其次，建立强化学习模型。该模型使用多智能体（即多视角）Q 学习来学习目标域与源域最相似的特征集，并将其反馈到源域。该模型增加了源域样本的容量，提高了光场重构的准确率。最后，建立特征迁移学习模型。该模型使用 PCA 获得源域和目标域特征的最大嵌入空间，并用于标签数据迁移。该模型解决了多视角数据重复计算的问题，提高了机动目标识别的实时性[40]，具体流程如图 5-9 所示。

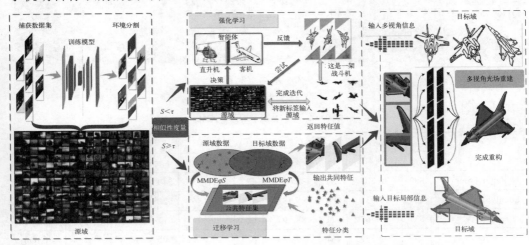

图 5-9　基于迁移强化学习的多视角光场重构算法流程图

5.4.1　源域的建立

多智能体（即多视角）首次对环境进行感知，目的是建立源域。源域又称为本能数据库，它为智能体设定基本的行动能力，使智能体在没有训练的情况下拥有环境交互、行动试错的能力。多智能体将采集的环境信息进行融合，最终完成源域的建立。根据环境的内容，对感知环境建立模型来训练图像。在图像数据集训练完成后，对图像信息进行模态分析，根据其阈值将图像按照不同类别进行分割[54-58]。目前，大多数分割方法是基于像素的 SoftMax 分类，通过二元函数来描述像素点之间的关系，将相似的像素分配相同的标签，差距较大的分配不同的标签，使得图像边界处有效分割。

$$_p\left(x_i,x_j\right)=u\left(x_{i,}x_j\right)\sum_{m=1}^{M}W^m k_G^m\left(f_i,f_j\right) \tag{5-24}$$

式中，$u_q\left(x;W\right)$ 表示像素 x 属于类别 q 的得分。通过 SoftMax 函数输出图像中所含像素类别的概率

$$S\left(x\right)=p\left(q|x,W\right)=\frac{\exp\left(u_q\left(x;W\right)\right)}{\sum_{K=1}^{K}\exp\left(u_q\left(x;W\right)\right)} \tag{5-25}$$

式中，$S(x)$ 表示单个视角的光场图像分割结果。对多视角下捕捉到的光场图像进行归一化处理，完成多个视角下的特征信息融合 u_r

$$u_r=\left[S\left(x\right)_1,S\left(x\right)_2,\cdots,S\left(x\right)_N\right]^{\mathrm{T}} \tag{5-26}$$

为分割完成的主体添加标签，那么标签集合就称为源域，如图 5-10 所示。

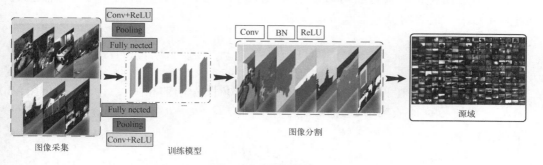

图 5-10　源域的建立

5.4.2　迁移强化学习方法

大数据和耗时长都约束着目标识别的效果，本节提出迁移强化学习方法，实现了智能体自主选择学习模型，拥有分析、判断、决策、执行的能力。将多视角捕获的目标样本遍历源域，根据相似度量模型的阈值选择对应的学习策略。若相似度小于阈值时，对其进行强化学习。通过少量已知信息与环境交互反馈来调整决策，最终用带有标签的样本迭代无标签样本，并将新的标签样本添加到源域中，

不断扩大源域的样本容量，提高环境认知能力和场景理解能力。若相似度大于等于阈值时，通过基于特征迁移的迁移学习方法直接对目标域样本进行决策。这种方法有效减少了目标域样本在源域中交互的次数和时间，保证了目标识别的实时性与准确性。

5.4.2.1　相似度量模型的建立

感知哈希方法是将数字图像中关键数据映射成一个简短长度序列。根据机器视觉对不同环境下图像的反应，感知哈希方法依靠场景的相似程度给出对应的哈希值[59,60]。本节利用感知哈希方法的相似度量值自主地选择强化学习和迁移学习。

（1）对上述多视角 $u(x)$ 捕获的观测图像进行预处理，并将图像大小统一调整为 256×256。

（2）对多视角图像 $u(x)=\{u|x=1,2,\cdots,n\}$ 进行特征提取，得到特征矢量 $R=\{R_1,R_2,\cdots,R_n\}$。其中，R_i 表示图中一个特征点向量。通过多视角特征矩阵求和，实现了特征矩阵的压缩

$$H(i)=\sum_{x=1}^{n}R_{i,x},\quad 1\leqslant i\leqslant 128 \tag{5-27}$$

本节利用特征聚类分析对 H 进行量化，并根据特征聚类阈值 t 将图像信息映射为 1 或 0，最终得到哈希值 h

$$h(i)=\begin{cases}1, & R_{i,x}\geqslant t \\ 0, & R_{i,x}<t\end{cases} \tag{5-28}$$

根据上述哈希值采用汉明距离来判断多视角图像间的相似度。令多视角图像为 h_n，然后与特征环境信息 h_0 间的汉明距离为 $D=h_n-h_0$。那么，多视角图像的相似度模型为

$$S=\frac{i-D}{i} \tag{5-29}$$

最后，本节将相似度阈值设为 τ。当图像特征值小于 τ 时，模型判定特征不相似，选择强化学习方法；当图像特征值大于等于 τ 时，模型判定特征相似，选择迁移学习方法。

5.4.2.2　强化学习

强化学习首先要尝试性地做一个判断，在与环境交互的过程中调整先前行为，最后在不断迭代下完成对目标样本的认知。假设强化学习中每一步都具有对应的

观测值，可执行的行动是靠源域中少量标签样本作为支撑的。每一步的执行需要充分结合之前的行为和观测来采取行动[61,62]。那么，下面给出强化学习的具体步骤。

（1）$x_t \in \mathbf{R}^{m \times n}$ 为目标与环境交互进行到第 $t\,(t=1,2,\cdots,T)$ 步时的观测图像。

（2）$a_t \in \wedge$ 为观测 x_t 执行的动作，其中 $\wedge$ 为强化学习规则下全部的行为集合。

（3）r_t 为观测 x_t 下执行动作 a_t 后获得的反馈。

$$R_t = \sum_{t'=t}^{T} \gamma^{(t'=t)} \cdot r_{t'} \tag{5-30}$$

式中，R_t 为第 t 步到终止时刻获得的所有反馈。γ 是监督预算，表示在计算力和时间上的限制。其中，某一时刻 t 的状态 s 为 $s_t = (x_1,a_1,\cdots,x_{t-1},a_{t-1},x_t)$。那么，强化学习的主要思路是基于 Q 学习的迭代来实现动作状态函数的优化学习

$$\begin{cases} Q_{k+1}(s_t,a_t) = Q_k(s_t,a_t) + \alpha_k \cdot \delta_k \\ \delta_k = r_{t+1} + \gamma \cdot \max_{a' \in \wedge} Q_k(s_{t+1},a') - Q_k(s_t,a_t) \end{cases} \tag{5-31}$$

式中，α_k 为学习速率，s_t 和 a_t 分别为第 t 步所对应的状态和行动，δ_k 为时间差分，a' 为 $\wedge$ 在 s_{t+1} 下可执行的动作。因此，最优可执行动作便是最大化期望值

$$Q^*(s,a) = E_{s' \sim \xi}\left(r + \gamma \cdot \max_{a'} Q^*(s',a')|s,a\right) \tag{5-32}$$

用 $Q(s,a,\theta) \approx Q^*(s,a)$ 实现状态动作值函数的估计，并在强化学习中通过最小化的目标函数来实现参数更新

$$L_k(\theta_k) = E_{s,a \sim \rho(\cdot)}\left[y_k - Q(s,a,\theta_k)\right]^2 \tag{5-33}$$

式中，$\rho(s,a)$ 为状态 s 和行为 a 的概率分布，另外 y_k 为第 k 次迭代所对应的目标输出

$$y_k = E_{s' \sim \xi}\left(r + \gamma \cdot \max_{a'} Q(s',a',\theta_{k-1})|s,a\right) \tag{5-34}$$

令所有主体对结果进行奖励评价。主体在满足各种约束条件下获得的目标函数越小，主体就应该得到越大的奖励

$$R'(s'_k,s'_{k+1},a'_k) = \begin{cases} \dfrac{W}{f_{\text{Best}}}, & (s'_k,a'_k) \in y_k \\ 0, & \text{其他} \end{cases} \tag{5-35}$$

式中，f_{Best} 表示在第 k 次迭代时最优状态的适应度函数。W 是一个正常数，当个体得到目标函数值越小，其奖励值就越大。本节根据以往学习的经验回顾，对下一步目标环境交互的提示为 e_t。假设强化学习结束时步数为 N，对以往经验回顾的集合为 $D=[e_1,e_2,\cdots,e_N]$。将 D 反馈到源域，不断增加源域中已知样本的数据量。因此，对迁移强化学习方法中的行为状态动作值改为 $\text{TRL}(s,a,\theta)\to \text{TRL}(\varphi(s),a,\theta)$。$\varphi(\cdot)$ 是迁移强化方法中的特征学习，所以迁移强化学习中第 t 步的状态为 $s_{t+1}=(s_t,a_t,x_{t+1})$。最后得出强化学习中目标环境交互的修正方程为

$$\begin{cases} D\to \overline{D}=[\overline{e}_1,\overline{e}_2,\cdots,\overline{e}_N] \\ \overline{e}_t=\left(\varphi(s_t),a_t,r_t,\varphi(s_{t+1})\right) \end{cases} \tag{5-36}$$

方框表示多视角捕获的目标信息，然后对各视角捕获的局部信息进行初步判断为直升机或客机，目标信息与环境不断尝试反馈得到该目标为战斗机。将强化学习后的新标签样本输入源域，不断地更新为源域样本数据，扩大标签样本容量，提高环境认知能力和场景理解能力，如图 5-11 所示。

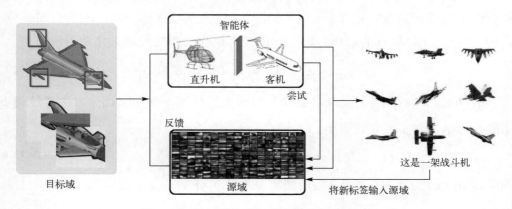

图 5-11 目标域中无标签样本的强化学习

5.4.2.3 迁移学习

将多视角采集图像作为目标域，通过与源域中标签样本的对比，选择迁移学习中的特征迁移方法对多视角样本进行环境认知[63-65]。令强化学习后的源域为 $D_s=\{x_{s_i},y_{s_i}\}$，多视角捕获的信息为目标域 $D_T=\{x_{T_i}\}$。随着 Y_s 不断增加，那么 D_T 中会有越来越多的 Y_T 与 Y_s 相似。为了避免相似特征数据的重复计算，本节采用基于 PCA 的迁移学习方法。

已知 φ 为特征学习，那么 $\varphi(X_s)$ 和 $\varphi(X_T)$ 分别表示 X_s 和 X_T 数据特征。对于 D_T 中未标记的数据 x_{T_i}，将它们映射到特征空间以获得新的表示 $\varphi(X_{T_i})$。在迁移学习中，期望风险最小时为迁移学习最优学习状态。所以，学习目标域的最优模型为

$$\theta = \mathrm{argmin} \sum_{i=1} P(D_T) l(x,y,\theta) \tag{5-37}$$

式中，$P(D_T)$ 为目标域边缘分布概率，$l(x_i,y_i,\theta)$ 为损失函数。当 $P(D_S) \neq P(D_T)$ 时，为了增强迁移学习目标域特征泛化能力，本节对上述模型进行了优化。

$$\theta = \mathrm{argmin} \sum_{i=1} \frac{P(D_T)}{P(D_S)} P(D_S) l(x,y,\theta)$$
$$\approx \mathrm{argmin} \sum_{i=1}^{ns} \frac{P_T(x_{T_i}, y_{T_i})}{P_S(x_{S_i}, y_{S_i})} l(x_{S_i}, y_{S_i}, \theta) \tag{5-38}$$

根据源域和目标域的概率分布函数可得出两者间最大嵌入空间

$$\mathrm{Dist}(\varphi(X_S),\varphi(X_T)) = \frac{1}{n_S^2} \sum_{i,j=1}^{n_s} k(x_{S_i}, x_{S_j}) + \frac{1}{n_T^2} \sum_{i,j=1}^{n_T} k(x_{T_i}, x_{T_j}) - \frac{2}{n_S n_T} \sum_{i,j=1}^{n_s,n_t} k(x_{S_i}, x_{T_j}) \tag{5-39}$$

为了能在最大嵌入空间中得到最优特征值，用核矩阵 K_s 和 K_T 来表示源域和目标域数据上的特征矩阵 $K = \begin{bmatrix} K_{S,S} & K_{S,T} \\ K_{T,S} & K_{T,T} \end{bmatrix}$。本节使用 $(n_S + n_T) \times m$ 矩阵变换的 $\tilde{W}$ 将核矩阵映射到 m 维空间，得到核矩阵

$$\tilde{K} = (KK^{-1/2}\tilde{W})(\tilde{W}^{\mathrm{T}} K^{-1/2} K) = KWW^{\mathrm{T}} K \tag{5-40}$$

那么，x_i 和 x_j 之间对应的核矩阵数值为

$$\tilde{K}(x_i, x_j) = K_{x_i}^{\mathrm{T}} WW^{\mathrm{T}} K_{x_j} \tag{5-41}$$

通过计算 $X_S' = [K_{S,S}, K_{S,T}]W$ 和 $X_T' = [K_{T,S}, K_{T,T}]W$，得到迁移学习映射数据 x_{S_i} 和 x_{T_j}。基于特征迁移的迁移学习是将目标域中各视角捕获的带有标签的图像样本与源域中的标签样本同时映射到公共特征集，通过源域中的标签样本与目标域中样本的特征对比，输出目标为战斗机。该方法减少了目标域中样本识别时的计算量与识别时间，具体过程如图 5-12 所示。

5.4.3　基于迁移强化学习的多视角光场重构方法

各视角光场可通过相似度量模型自主选择特征迁移学习模型，然后对其进行中心切片及小波反变换得出各视角重构后的光场图像，如图 5-13 所示。

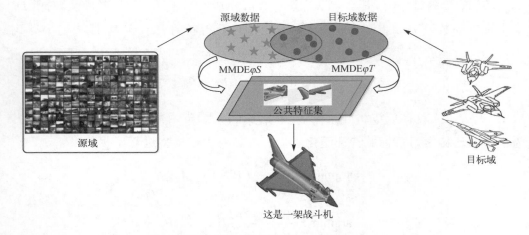

图 5-12　　特征迁移学习模型

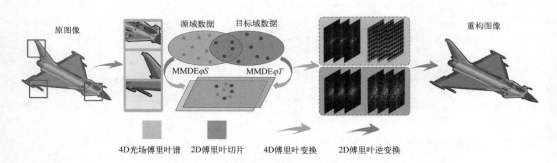

图 5-13　　迁移强化学习下的多视角光场重构

5.4.4　实验结果与分析

5.4.4.1　实验设置

在本节的实验中，使用了 Windows10 系统下的 MATLAB 进行实验仿真。仿真计算在小型服务器上运行，该服务器具有 E5-2630 v4 的 CPU、2.2GHz 的主频和 32GB 的内存。为确保实验的可行性，将数据集中的光场图像大小统一为 256×256。在光场重构的采样方案中，采用线性采样模型，采样率即采样数量与角度域的比值。

5.4.4.2　光场重构实验结果与分析

本次实验选取的数据为斯坦福大学光场库中的 Treasure Chest、Lego

Bulldozer、Lego Knights 和 Bunny，并与文献[25]、文献[37]、文献[38]和文献[39]所提方法做出了比较分析。不同算法光场重构结构和性能比较分别如图 5-14 和表 5-3 所示。

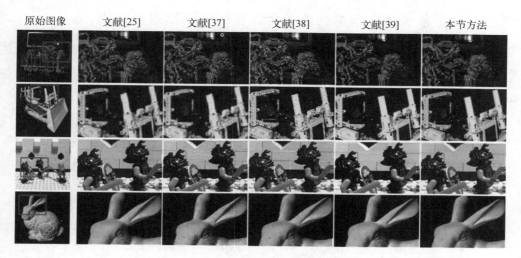

图 5-14　光场重构结果

表 5-3　光场重构方法比较

	文献[25]		文献[37]		文献[38]		文献[39]		本节方法	
	t/s	准确率/%	t/s	准确率/%	t/s	准确率/%	t/s	准确率/%	t/s	准确率/%
Treasure Chest	498	91.265	556	90.502	472	91.625	500	**93.754**	**451**	91.396
Lego Bulldozer	461	92.073	517	91.388	438	90.391	447	**93.118**	**389**	92.610
Lego Knights	453	91.149	482	90.835	411	91.049	420	**93.865**	**336**	91.788
Bunny	258	92.801	379	91.797	240	92.857	272	94.061	**203**	**95.142**

在 Treasure Chest 中，由于重构部分纹理结构复杂，本节方法的光场重构准确率比文献[39]低了 2.358%，但本节方法的重构时间为 451s，在同数据集比较中最优。Lego Bulldozer 与 Lego Knights 结构相似，因此本节方法的重构时间和重构准确率在这两个数据集中变化幅度较小。在 Bunny 中，由于重构部分结构简单，重构数据较少，本节方法在该数据集中的重构时间为 203s，重构准确率为95.142%，均高于其他方法。从整体实验结果的八个参数中可以得出，本节方法有五个参数是优秀的，特别是重构时间方面，因此证明本节方法是有效的。

5.5　非合作目标识别实验结果与分析

5.5.1　基于多视角光场重构的非合作目标识别结果与分析

　　为了验证本章方法的有效性，本节使用了 TB-50 和 TB-100 视频数据集作为测试数据集，并且与文献[10]、文献[11]、文献[12] 文献[13]和文献[14]中所提的相似方法进行了对比，实验结果如图 5-15 所示。

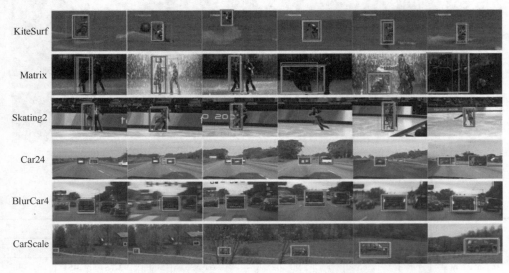

　　—— 本章方法 —— 文献[10] —— 文献[11] —— 文献[12] 　　文献[13] —— 文献[14]

图 5-15　机动目标识别结果（见彩图）

　　将机动目标识别的实验数据分为两类：一类是人类，另一类是运动汽车。人类视频数据集包括 KiteSurf、Matrix 和 Skating2。在 KiteSurf 视频数据集中，所有方法都可以有效地识别目标，但是文献[14]方法出现了识别框偏移的现象。在 Matrix 视频数据集的第二个数据中，文献[11]标识了除主体之外的目标，其他方法均可以有效地识别目标。在 Skating2 视频数据集的第四个数据中，只有本节方法有效地识别了目标，因为目标被严重遮挡。汽车视频数据集包括 Car24、BlurCar4 和 CarScale，在 Car24 视频数据集中，文献[11]、文献[12]和文献[14]所提的方法都识别了主体之外的目标。BlurCar4 视频数据集的第二个和第五个数据均受到运动模糊的影响，所有方法都有效地识别了目标。在 CarScale 视频数据集中，只有文献[11]提出的方法在视频的前两帧的数据中出现了识别框偏移。机动目标识别准确率如表 5-4 所示，识别时间如图 5-16 所示。

表 5-4　不同方法在不同数据集中的机动目标识别准确率　　　（单位：%）

	文献[10]	文献[11]	文献[12]	文献[13]	文献[14]	本章方法-1	本章方法-2	本章方法-3	本章方法-多
KiteSurf	76.481	72.821	71.563	74.634	68.653	—	80.391	82.318	**84.336**
Matrix	73.936	68.714	76.738	75.408	70.182	—	78.062	83	**86.739**
Skating2	75.427	75.392	73.946	70.691	73.321		82.6	83.592	**85**
Car24	78.662	66.107	68.769	72.662	65.412	77.217	—	—	**81.402**
BlurCar4	72.025	75	73.868	71.717	70.829	76.761	78.536	**80.153**	73.428
CarScale	77.138	76.346	74.521	72.426	73.637			82	**84.225**

注：本章方法-1 为单视角识别；本章方法-2 为两个视角识别；本章方法-3 为三个视角识别；本章方法-多为超过三个视角进行识别。

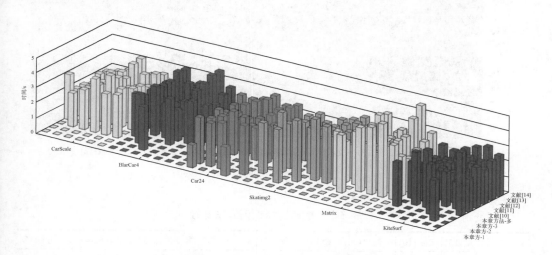

图 5-16　不同场景下各算法的机动目标时间

在 Car24 视频数据集的第二帧和第五帧中，本章方法使用了单视角就完成了对机动目标的有效识别，识别准确率等同于其他方法，且识别时间均小于 2s。

在图 5-16 的 Car24 视频数据集的目标识别时间中，可以清楚地看到，随着视角的增加，目标识别时间也会增加。本章方法的平均识别时间接近 3s，比其他方法高 0.3～1s。但是，在表 5-4 的六个视频数据集中，本章方法-多视角识别在五个视频数据集中具有最高的目标识别率。综上所述，本章方法在机动目标识别中是有效的。

5.5.2　基于 GAN 的多视角光场重构的目标识别结果与分析

　　为了验证本章方法的有效性，本节将使用 TB-50 和 TB-100 视频数据集作为模拟实验中的测试数据集，并与文献[10]、文献[12]、文献[13]、文献[15]和文献[16]所提方法进行了实验对比，机动目标识别结果如图 5-17 所示，不同方法对机动目标识别效果如表 5-5 所示。

—— 本章方法　　—— 文献[15]　　—— 文献[10]　　—— 文献[16]　　—— 文献[13]　　—— 文献[12]

图 5-17　机动目标识别结果（见彩图）

表 5-5　机动目标识别方法比较

	文献[15]	文献[10]	文献[16]	文献[13]	文献[12]	本章方法-2	本章方法-3	本章方法-4	本章方法-多
Jump	78.057	72.651	76.416	77.574	75.331	—	80	**81.873**	—
CarScale	76.923	71.687	78.571	75	76.287	—	79.667	**80.251**	—
Sufer	76.551	72.368	77.293	75.613	74	—	—	82	**84.267**
Dog	78.496	70.272	75.473	76.398	76.822	—	77.839	**80.607**	—
Singer1	75.212	65	79.915	73.417	72	78.372	**80**	—	—
Tiger1	**77.834**	75.736	75.847	74.351	75.086	76.474	77.361	—	—

　　在 TB-50 Jump 视频数据集中，所有方法都能对目标进行有效识别。其中，本章方法在使用四个视角对目标进行识别时展示了最佳性能，识别准确率为81.873%。在 TB-50 Sufer 视频数据集中，本章方法表现出了优异的成绩，识别准确率为 84.267%，并且在识别目标特征时使用了超过四个视角。在 TB-100 Dog

视频数据集中，所有方法均对目标有效识别，然而文献[10]所提方法在视频的后三帧中出现了识别框偏移现象。在 TB-100 Singer1 视频数据集中的第三帧中，由于强光的干扰，只有本章方法有效地识别了目标。

　　不同数据集下各方法对机动目标识别时间如图 5-18 所示。可以看出，所有方法的目标识别时间均在 3s 以内。同时还可以看出本章方法-2、本章方法-3 以及文献[10]、文献[12]、文献[13]、文献[15]、文献[16]所提方法的识别时间均处于同一水平。从 TB-100 Singer1 和 TB-100 Tiger1 的识别结果可以看出，本章方法-2 的识别时间在 2.3～2.8s，本章方法-3 的时间在 2～2.5s。从 TB-100 Dog 的识别结果可以看出，本章方法-4 的识别时间小于本章方法-3，识别时间在 1.8～2.3s。总之，随着视角数量的增加，机动目标识别时间将减少。因此，本章方法在减少机动目标识别时间方面是有效的。

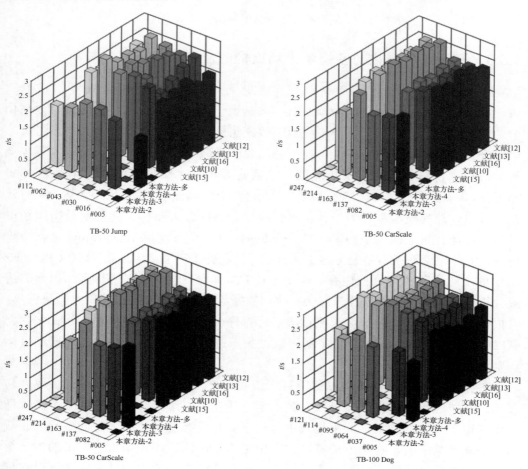

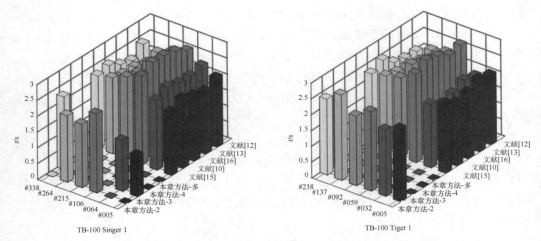

图 5-18　不同数据集下各方法对机动目标识别时间

5.5.3　基于迁移强化的多视角光场重构的目标识别结果与分析

　　PASCAL VOC 为图像识别和分类提供了一组出色的标准数据集。其中，VOC2007 数据集包含 9963 幅标记图像，包括训练集测试集在内，总共标记了 24640 个对象。VOC2012 数据集是 VOC2007 数据集的升级版本，共有 11530 幅图像。VOC2012 数据集分为人、鸟、狗、飞机、汽车等 20 个类别。为了确保本节实验的客观性和说服力，用于动物检测、车辆检测和人体检测的训练集样本为 6800 幅图像，像素尺寸为 500×332。测试集样本是 1200 幅图像，像素大小为 500×375。在本节中，选择检测率作为统计显著性检验分析的性能指标。检测率是指识别窗口中目标与背景之间的识别率。在 Windows 10 系统下使用 TensorFlow 进行实验仿真，仿真计算是在小型服务器上运行的，该服务器具有 E5-2630 v4 的 CPU、2.2 GHz 的主频率和 32 GB 的内存。本节选取了具有代表性的数据进行目标识别的结果分析与展示，实验数据分为三类：动物数据集、交通工具数据集和人类数据集，并根据目标场景的复杂程度对测试集进行排序。同时，将本章方法与文献[17]~文献[21]所提出的目标识别方法在不同数据集下进行实验对比。动物类数据集目标识别结果如图 5-19 所示。

　　图 5-19 展示了动物类数据集的目标识别结果，其中数据集包含了羊、鸟、马和狗。在羊的识别结果中，可以看到本章方法在第二个、第三个和第五个测试样本中取得了良好的结果，因为这其中包括了具有遮挡的目标和远处的小目标。从鸟的识别结果来看，在第五个测试样本中，本章方法正确识别出了图中的每一个目标，同时验证了该方法具有多目标识别的功能。在马的识别结果中，可以从第

三个测试样本得出结论，本章方法可以有效避免光线问题对目标识别的影响。可以在狗数据集的第四个和第五个样本识别结果中得出，本章方法对多目标识别的有效性。

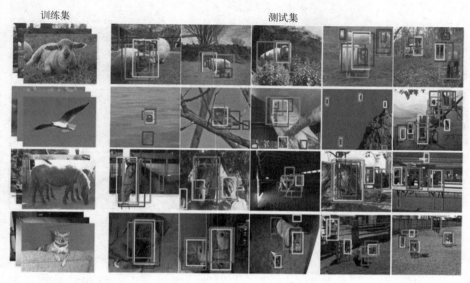

——本章方法　——文献[17]　——文献[18]　——文献[19]　——文献[20]　——文献[21]

图 5-19　动物类数据集目标识别结果（见彩图）

动物数据集中不同方法的目标识别平均检测率如表 5-6 所示。

表 5-6　动物数据集中不同方法的目标识别平均检测率　　　　（单位：%）

	羊平均	鸟平均	马平均	狗平均	动物数据集平均
文献[17]	71.7	75.2	74.5	77.4	74.7
文献[18]	71.6	73.6	73	76.4	73.7
文献[19]	71.7	72.4	73.3	73.1	72.6
文献[20]	69.3	71.3	71.6	73.6	71.5
文献[21]	71.6	71.7	72.3	76.4	73
本章方法	**77.2**	**78.2**	**78.7**	**77.8**	**78**

从表 5-6 可得，本章方法在动物类数据集中的平均检测率为 78%，高于其他方法。

交通工具类数据集的目标识别结果如图 5-20 所示。其中，数据集包含了飞机、船、摩托车和汽车。

训练集　　　　　　　　　　　　　　　　测试集

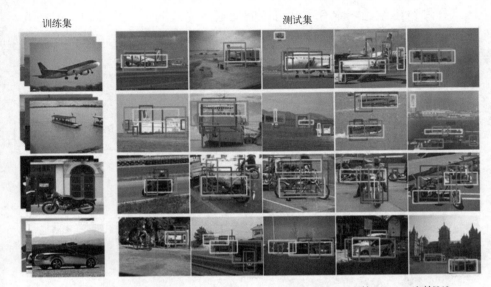

—— 本章方法 —— 文献[17] —— 文献[18] —— 文献[19] 文献[20] —— 文献[21]

图 5-20　交通工具数据集目标识别结果（见彩图）

　　可以得出，在飞机的第四个测试样本识别结果中，反映出在复杂背景下，其他方法对目标识别的鲁棒性均较差。但是，与其他方法相比，本章方法识别出的目标数量最多。同时在飞机的第二个测试样本识别中，本章方法有效地解决了光线不足的问题。在船的第五个测试样本识别结果中，由于海上雾气较大，所有方法均无法识别远距离目标。从摩托车和汽车的识别结果可以看出，当目标出现严重重叠时，提到的其他方法均无法准确识别。

　　交通工具数据集中不同方法的目标识别平均检测率如表 5-7 所示。从表 5-7 中可以看出，本章方法在交通工具数据集检测中的平均识别准确率为 76.9%，高于其他方法。

表 5-7　交通工具数据集中不同算法的目标识别平均检测率　　　　（单位：%）

	飞机平均	船平均	摩托车平均	汽车平均	车辆数据集平均
文献[17]	72.4	72.5	74.3	72.3	72.9
文献[18]	74.4	74.7	74.8	71.7	73.9
文献[19]	72.8	71.3	70.4	70	71.1
文献[20]	74.9	71.1	72.3	71.7	72.5
文献[21]	70.9	72.7	70.4	71	71.3
本章方法	**78.1**	**76.8**	**77.8**	**75**	**76.9**

假设 $H_0: \mu_{\text{Others}} = \mu_{\text{Ours}}$，这表示本章方法与其他对比方法之间没有差异，当 $H_A: \mu_{\text{Others}} \neq \mu_{\text{Ours}}$，这表示本章方法与所比较的方法之间存在差异。为了验证本章方法的有效性，将显著性指标设置为国际通用水平 $a = 0.05$，即置信区间为 95%。样本为 n，即 $df = 2(n-1)$，平均值的标准差为 $S_{\overline{\text{Others}-\text{Ours}}} = \sqrt{\dfrac{S_{\text{Others}}^2}{n} + \dfrac{S_{\text{Ours}}^2}{n}}$，统计量为 $t = \dfrac{\left|\overline{\text{Others}} - \overline{\text{Ours}}\right|}{S_{\overline{\text{Others}-\text{Ours}}}}$。动物数据集和交通工具数据集的目标样本数量均为 4（$n=4$），置信区间为 95%，因此显著性统计检验的基准为 2.447。

动物数据集中各目标识别方法的统计显著性检验分析和交通工具数据集中各目标识别方法的统计显著性检验分析分别如图 5-21 和图 5-22 所示。

可以看出，不管是动物数据集还是交通工具数据集，本章方法与其他方法的显著性统计检验指标均高于 2.447。所以，判断假设不成立，在动物数据集和交通工具数据集中，本章方法与其他方法之间存在显著性差异。

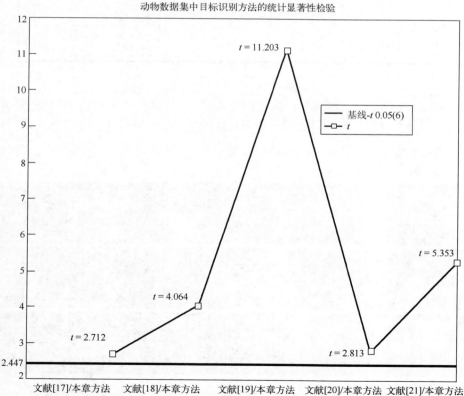

图 5-21　动物数据集中各目标识别方法的统计显著性检验分析

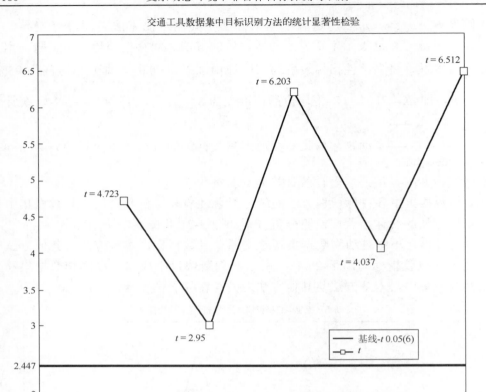

图 5-22　交通工具数据集中各目标识别方法的统计显著性检验分析

人类数据集目标识别结果如图 5-23 所示。

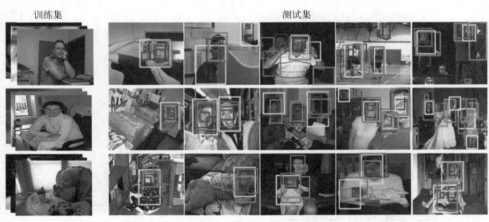

图 5-23　人类数据集目标识别结果（见彩图）

　　图 5-23 展示了人类数据集的目标识别结果，其中数据集包含了男性、女性和婴儿。在男性数据集的目标识别结果中，第二个和第五个测试样本均显示出非目标主体的物理干扰项。因此，本章方法、文献[17]和文献[20]所提出的方法在第二个测试样本识别中都出现了错误的识别项。但在第四个测试样本中，运动遮挡问题得到了有效解决，所有目标均被正确识别。在女性数据集的目标识别结果中，本章方法在第四个测试样本中成功地区分了目标中的男性目标。因为第五个测试样本包含了许多主体，并且各主体特征不明显。因此，本章方法在目标识别过程中存在不同的误差。在婴儿数据集的目标识别结果中，包括本章方法在内的所有方法都可以在第一个和第二个测试样本中准确识别目标。在第三个和第四个测试样本中，文献[20]和文献[21]提出的方法识别了目标之外的对象。在第五个测试样本中，由于场景过于复杂且目标较小，所以所有方法均无法准确识别。

　　人类数据集中不同方法的目标识别平均检测率如表 5-8 所示。

表 5-8　人类数据集中不同方法的目标识别平均检测率　　　（单位：%）

	男性平均	女性平均	婴儿平均	车辆数据集平均
文献[17]	71.8	72.3	**71.4**	71.8
文献[18]	71.3	71.3	71.1	71.2
文献[19]	70	71.1	69.9	70.3
文献[20]	70	69.8	70.3	70
文献[21]	69.8	70.7	70.1	70.2
本节算法	**73.6**	**72.5**	**71.4**	**72.5**

　　可以看出，在检测婴儿数据集时，本章方法和文献[17]所提方法的检测准确率均达到了 71.4%。在男性数据集和女性数据集中，本章方法的识别精度为 72.5%，高于其他方法。

　　由于人类数据集的样本类别为 $n=3$，因此统计显著性检验的基准为 2.776。人类数据集中各目标算法的统计显著性检验分析如图 5-24 所示。可以看出，本章方法在人类数据集上目标识别平均检测率为 72.5%，高于文献[17]和文献[18]所提方法。但是，显著性统计检验指标低于基线。这表明假设检验是成立的，即本章方法的识别结果与文献[17]和文献[18]所提方法之间没有显著差异。与文献[19]~文献[21]所提方法相比，本章方法的显著性统计检验指标高于它们。这表明本章方法与它们之间存在明显的差异。基于目标识别的实验结果和显著性统计检验分析，本章方法充分体现了多视角在目标识别中的优势。在目标识别中，识别边界框越大，目标识别结果的准确性越低。当检测到目标物的任何特征时，本章方法将使用多个红色框对其进行标记。因此，以上目标识别结果验证了本章方法的有效性。

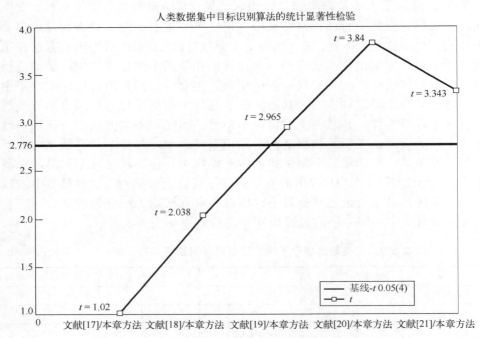

图 5-24　人类数据集中各目标方法的统计显著性检验分析

5.6　本章小结

与传统成像相比，光场包含的图像信息更广泛，图像质量更高，本章针对光场重构数据量大、可用数据不足、耗时长等问题，提出一种多视角光场重构的非合作目标探测与识别方法，并将其应用于非合作机动目标识别领域。

（1）提出基于多视角的光场重构方法，首先对光场进行多视角表示，并对其进行稀疏表示与重构；其次结合多智能体分布式协同理论，建立区域全覆盖约束下的多视角光场协作机制；最后将各视角光场捕获的数据信息进行融合，并对机动目标进行识别。实验结果表明，与其他方法相比，该方法提高了光场重构和机动目标识别的准确率。

（2）提出基于 GAN 的多视角光场重构方法，首先将多智能体协作机制引入光场重构领域，通过各视角融合得出的观测一致性均值有效去除了冗余和高噪声重构样本数据，保证了对机动目标监测的连续性；其次利用 GAN 可以生成数据和增强数据的特点，解决了样本不足导致的光场重构难的问题。实验结果表明，与其他方法相比，该方法增加了光场重构样本数量，这不仅提高了光场重构的准确率，并且增加了多视角在机动目标识别时特征点数量，提高了机动目标的准确率。

（3）提出基于迁移强化学习的多视角光场重构方法，首先建立相似度量模型，根据特征间的相似度阈值选择强化学习或特征迁移学习模型；其次建立强化学习模型，利用多主体 Q 学习目标域与源域特征集，并将其反馈到源域，增加了带标签的样本容量，提高了光场重构的准确率；最后建立特征迁移学习模型，得出源域和目标域之间的最大嵌入空间，并用于标签数据的迁移，有效解决了光场重构数据重复计算的问题。实验结果表明，该方法不仅提高了光场重构的时效性，还解决了多个目标识别的问题，并通过显著性统计检验证明了该方法的有效性。

参 考 文 献

[1] Andreopoulos A, Tsotsos J K. 50 years of object recognition: directions forward. Computer Vision and Image Understanding, 2013, 117(8): 827-891.

[2] Gershun A. The light field. Studies in Applied Mathematics, 1939, 18(1): 51-151.

[3] Levoy M, Hanrahan P. Light field rendering//Proceedings of the 23rd Annual Conference on Computer Graphics and Interactive Techniques, New York, 1996.

[4] 郑玺, 李新国. 基于 OpenCV 的组合优化多目标检测追踪算法. 计算机应用, 2017, 37(S2): 112-114, 145.

[5] 马也, 常青, 胡谋法. 复杂背景下红外人体目标检测算法研究. 红外技术, 2017, 39(11): 1038-1044, 1053.

[6] 唐聪, 凌永顺, 郑科栋, 等. 基于深度学习的多视窗 SSD 目标检测方法. 红外与激光工程, 2018, 47(1): 302-310.

[7] 罗栩豪, 王培, 李绍华, 等. 汽车辅助驾驶系统动态目标检测方法. 计算机工程, 2018, 44(1): 311-316.

[8] 田壮壮, 占荣辉, 胡杰民, 等. 基于卷积神经网络的 SAR 图像目标识别研究. 雷达学报, 2016, 5(3): 320-325.

[9] 吴言枫, 王延杰, 孙海江, 等. 复杂动背景下的"低小慢"目标检测技术. 中国光学, 2019, 12(4): 854-866.

[10] Nam H, Han B. Learning Multi-Domain convolutional neural networks for visual tracking//Proceedings of the IEEE Conference on Computer Vision and Pattern Recognition, Las Vegas, 2016.

[11] Zhang J, Ma S, Sclaroff S. MEEM: robust tracking via multiple experts using entropy minimization//Computer Vision-ECCV 2014: 13th European Conference, Zurich, 2014.

[12] Tao R, Gavves E, Smeulders A W M. Siamese instance search for tracking//Proceedings of the IEEE Conference on Computer Vision and Pattern Recognition, Las Vegas, 2016.

[13] Danelljan M, Häger G, Shahbaz Khan F, et al. Learning spatially regularized correlation filters for visual tracking//Proceedings of the IEEE International Conference on Computer Vision, Santiago, 2015.

[14] Valmadre J, Bertinetto L, Henriques J, et al. End-to-end representation learning for correlation filter based tracking//Proceedings of the IEEE Conference on Computer Vision and Pattern Recognition, Santiago, 2017.

[15] Hao W, Bie R, Guo J, et al. Optimized CNN based image recognition through target region selection. Optik, 2018, 156(6): 772-777.

[16] Hu Q, Zhai L. RGB-D image multi-target detection method based on 3D DSF R-CNN. International Journal of Pattern Recognition and Artificial Intelligence, 2019, 33(8): 1-15.

[17] Ren S, He K, Girshick R, et al. Faster R-CNN: towards real-time object detection with region proposal networks. IEEE Transactions on Pattern Analysis and Machine Intelligence, 2015, 39(6): 1137-1149.

[18] Girshick R. Fast R-CNN//Proceedings of the IEEE International Conference on Computer Vision, Santiago, 2016.

[19] Redmon J, Farhadi A. YOLO 9000: better, faster, stronger//Proceedings of the IEEE Conference on Computer Vision and Pattern Recognition, Honolulu, 2017.

[20] Liu W, Anguelov D, Erhan D, et al. SSD: single shot multibox detector//Computer Vision-ECCV 2016: 14th European Conference, Amsterdam, 2015.

[21] Girshick R, Donahue J, Darrelland T, et al. Rich feature hierarchies for accurate object detection and semantic segmentation//Proceedings of the IEEE Conference on Computer Vision and Pattern Recognition, Columbus, 2014.

[22] 速晋辉, 金易弢, 陆艺丹, 等. 光场图像重构算法仿真. 光学仪器. 2017, 39(1): 31-40.

[23] Zhu R, Yu H, Lu R, et al. Spatial multiplexing reconstruction for fourier-transform ghost imaging via sparsity constraints. Opt Express, 2018, 26(3): 2181-2190.

[24] Lu H, Li Y, Uemura T, et al. Low illumination underwater light field images reconstruction using deep convolutional neural networks. Future Generation Computer Systems, 2018, 82(13): 142-148.

[25] Wang T C, Chandraker M, Efros A A, et al. SVBRDF invariant shape and reflectance estimation from light field cameras//Proceedings of the IEEE Conference on Computer Vision and Pattern Recognition, Las Vegas, 2016.

[26] Zhao W, Zhang B, Xu C, et al. Optical sectioning tomographic reconstruction of three-dimensional flame temperature distribution using single light field camera. IEEE Sensors Journal, 2017, 18(2): 528-539.

[27] Cai Z, Liu X, Peng X, et al. Ray calibration and phase mapping for structured-light-field 3D reconstruction. Opt Express, 2018, 26(6): 7598-7613.

[28] Cai Z, Liu X, Peng X, et al. Universal phase-depth mapping in a structured light field. Applied Optics, 2018, 57(1): 26-32.

[29] Chen J, Hou J, Chau L P. Light field compression with disparity guided sparse coding based on structural key views. IEEE Transactions on Image Processing, 2017, 27(1): 314-324.

[30] Schedl D C, Birklbauer C, Bimber O. Optimized sampling for view interpolation in light fields using local dictionaries. Computer Vision and Image Understanding, 2017, 168: 93-103.

[31] Zhou S, Yuan Y, Su L, et al. Multiframe super resolution reconstruction method based on light field angular images. Optics Communications, 2017, 404: 189-195.

[32] Zeshan A M, Gunturk B K. Hybrid light field imaging for improved spatial resolution and depth range. Machine Vision and Applications, 2018, 29(1): 11-22.

[33] Vagharshakyan S, Bregovic R, Gotchev A. Light field reconstruction using shearlet transform. IEEE Transactions on Pattern Analysis and Machine Intelligence, 2017, 40(1): 133-147.

[34] Wu G, Liu Y, Fang L, et al. Light field reconstruction using convolutional network on EPI and extended applications. IEEE Transactions on Pattern Analysis and Machine Intelligence, 2018, 41(7): 1681-1694.

[35] Vaidyanathan K, Munkberg J, Clarberg P, et al. Layered light field reconstruction for defocus blur. ACM Transactions on Graphics, 2015, 34(2): 1-12.

[36] Wang X, Li L, Hou G, High-resolution light field reconstruction using a hybrid imaging system. Applied Optics, 2016, 55(10): 2580-2593.

[37] Zhou G, Wen C, Gao J, Light field reconstruction based on wavelet transform and sparse fourier transform. Acta Electronica Sinica, 2017, 45(4): 782-790.

[38] Cai L, Luo P, Zhou G, et al. Maneuvering target recognition method based on multi-perspective light field reconstruction. International Journal of Distributed Sensor Networks, 2019, 15(8): 1-12.

[39] Luo P, Cai L, Zhou G, et al. Multiagent light field reconstruction and maneuvering target recognition via GAN. Mathematical Problems in Engineering, 2019, (10): 1-10.

[40] Cai L, Luo P, Zhou G, et al. Multiperspective light field reconstruction method via transfer reinforcement learning. Computational Intelligence and Neuroscience, 2020: 1-14.

[41] Cheng Y, Wang M, Jin S, et al. New on-orbit geometric interior parameters self-calibration approach based on three-view stereoscopic images from high-resolution multi-TDI-CCD optical satellites. Optics Express, 2018, 26(6): 7475-7493.

[42] Pineda F D, Easley T O, Karczmar G S. Dynamic field-of-view imaging to increase temporal resolution in the early phase of contrast media uptake in breast DCEMRI: a feasibility study. Medical Physics, 2018, 45(3): 1050-1058.

[43] Chen C, Yang B, Song S, et al. Calibrate multiple consumer RGB-D cameras for low-cost and efficient 3D indoor mapping. Remote Sensing, 2018, 10(2): 328-356.

[44] Farid M S, Lucenteforte M, Grangetto M. Evaluating virtual image quality using the side-views information fusion and depth maps. Information Fusion, 2018, 43(3): 47-56.

[45] Wen C, Wang Z, Hu J, et al. Recursive filtering for state-saturated systems with randomly occurring nonlinearities and missing measurements. International Journal of Robust and Nonlinear Control, 2018, 28(5): 1715-1727.

[46] Ramírez-Gallego S, Fernández A, García S, et al. Big Data: Tutorial and guidelines on information and process fusion for analytics algorithms with MapReduce. Information Fusion, 2018, 42(6): 51-61.

[47] Dan C, Miguez J. Nested particle filters for online parameter estimation in discrete-time state-space Markov models. Statistics, 2018, 24(4): 3039-3086.

[48] Duník J, Straka O. State estimate consistency monitoring in gaussian filtering framework. Signal Processing, 2018, 148(3): 145-156.

[49] Chakraborty S, Chattaraj S, Mukherjee A. Performance evaluation of particle filter resampling techniques for improved estimation of misalignment and trajectory deviation. Multidimensional Systems and Signal Processing, 2018, 29(2): 821-838.

[50] Hollands J G, Terhaar P, Pavlovic N J. Effects of resolution, range, and image contrast on target acquisition performance. Human Factors, 2018, 60(3): 363-383.

[51] Cai Z, Long Y, Shao L. Adaptive RGB image recognition by visual-depth embedding. IEEE Transactions on Image Processing, 2018, 27(5): 2471-2483.

[52] Goodfellow I, Pouget-Abadie J, Mirza M, et al. Generative adversarial networks. Communications of the ACM, 2020, 63(11): 139-144.

[53] Wen C, Wang Z, Liu Q, et al. Recursive distributed filtering for a class of state-saturated systems with fading measurements and quantization effects. IEEE Transactions on Systems, Man, and Cybernetics, Systems, 2018, 48(6): 930-941.

[54] Cúth M, Kalenda O F K, Kaplický P. Isometric representation of lipschitz-free spaces over convex domains in finitedimensional spaces. Mathematika, 2017, 63(2): 538-552.

[55] Lieman-Sifry J, Le M, Lau F, et al. FastVentricle: cardiac segmentation with Enet//Functional Imaging and Modelling of the Heart: 9th International Conference, Toronto, 2017.

[56] Long J, Shelhamer E, Darrell T. Fully convolutional networks for semantic segmentation// Proceedings of the IEEE Conference on Computer Vision and Pattern Recognition, Boston, 2015.

[57] Noh H, Hong S, Han B. Learning deconvolution network for semantic segmentation// Proceedings of the IEEE International Conference on Computer Vision, Santiago, 2015.

[58] Badrinarayanan V, Kendall A, Cipolla R. Segnet: a deep convolutional encoder-decoder architecture for image segmentation. IEEE Transactions on Pattern Analysis and Machine Intelligence, 2017, 39(12): 2481-2495.

[59] Chen L, Hu X, Xu T, et al. Turn signal detection during nighttime by CNN detector and perceptual hashing tracking. IEEE Transactions on Intelligent Transportation Systems, 2017, 18(12): 3303-3314.

[60] Cai L, Luo P, Zhou G. Multistage analysis of abnormal human behavior in complex scenes. Journal of Sensors, 2019: 1-10.

[61] Pathak S, Pulina L, Tacchella A. Verification and repair of control policies for safe reinforcement learning. Applied Intelligence, 2018, 48(4): 886-908.

[62] Distante C, Anglani A, Taurisano F. Target reaching by using visual information and Q-learning controllers. Autonomous Robots, 2000, 9(1): 41-50.

[63] Pan S J, Yang Q. A survey on transfer learning. IEEE Transaction on Knowledge Discovery and Data Engineering, 2010, 22(10): 1345-1359.

[64] Saha B, Gupta S, Phung D, et al. Multiple task transfer learning with small sample sizes. Knowledge and Information Systems, 2016, 46(2): 315-342.

[65] Ghazi M M, Yanikoglu B, Aptoula E. Plant identification using deep neural networks via optimization of transfer learning parameters. Neurocomputing, 2017, 235(3): 228-235.

彩　　图

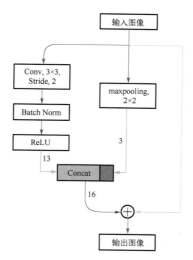

图 1-2　基础网络模块

图 1-11　常规水下图像识别结果

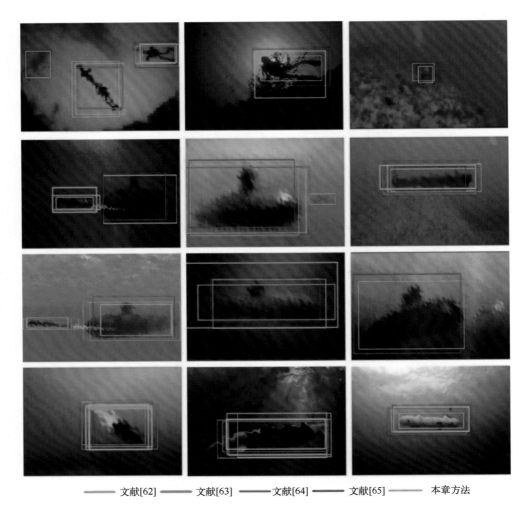

文献[62] ——— 文献[63] ——— 文献[64] ——— 文献[65] ——— 本章方法

图 1-12　水下扭曲图像检测结果

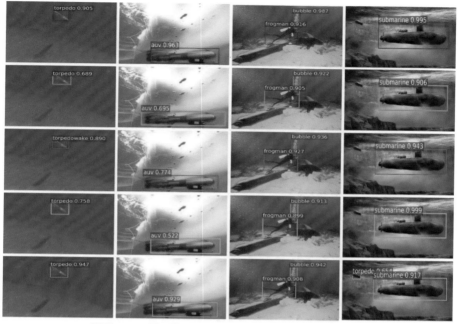

—— FFBNet —— SiamFPN —— SA-FPN —— Faster R-CNN —— 本章方法

图 1-13   常规水下图像目标识别结果可视化

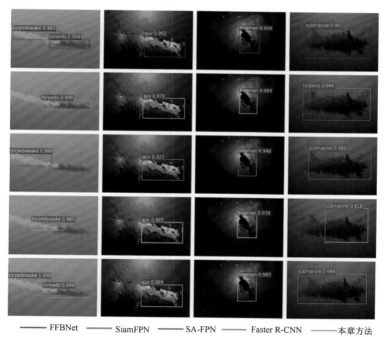

—— FFBNet —— SiamFPN —— SA-FPN —— Faster R-CNN ——本章方法

图 1-14   水下扭曲图像识别结果可视化

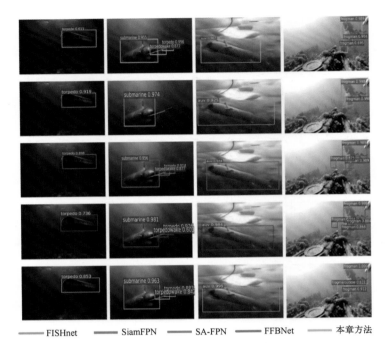

—— FISHnet —— SiamFPN —— SA-FPN —— FFBNet —— 本章方法

图 2-3 常规水下图像识别结果

—— FISHnet —— SiamFPN —— SA-FPN —— FFBNet —— 本章方法

图 2-4 水下模糊图像识别结果

图 2-5 常规水下目标图像识别结果对比

图 2-6 水下模糊目标图像识别结果对比

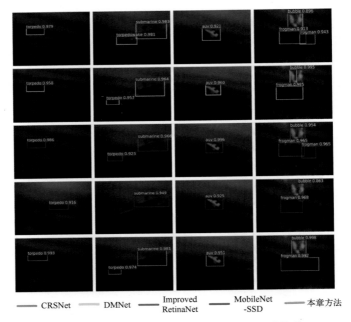

| —— CRSNet | —— DMNet | —— Improved RetinaNet | —— MobileNet-SSD | —— 本章方法 |

图 2-7　弱光线条件下水下模糊图像识别结果

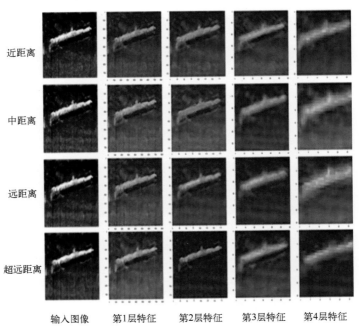

图 3-15　不同距离下的特征图信息提取

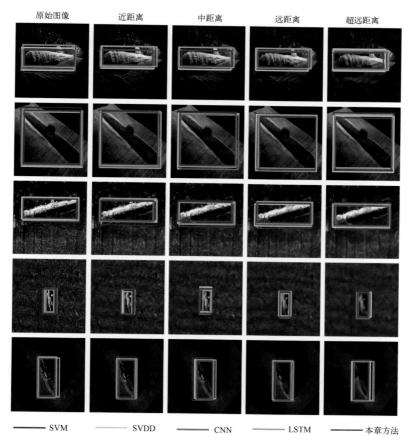

图 3-19　不同距离的目标识别结果

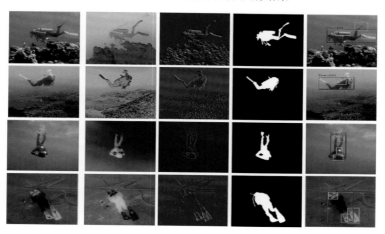

图 4-17　基于迁移强化学习方法的多角度目标探测

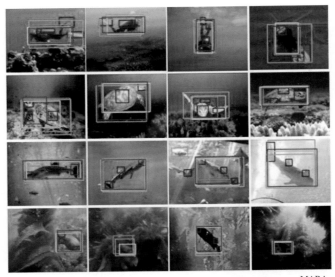

——本章方法 —— AD-GAN —— MV-C3D —— NJSR-ATR —— MARA

图 4-18　多视角方法目标探测结果比较

——本章方法 —— R-FCN —— Faster R-CNN —— JCS-Net —— OHEM —— FP-SSD —— YOLO

图 4-19　不同方法的探测结果

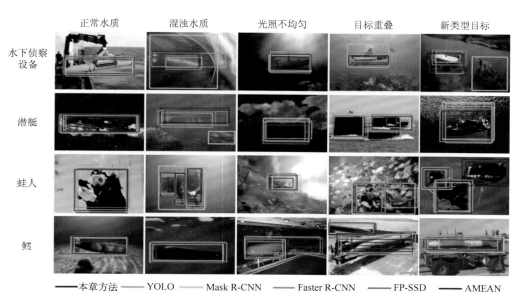

图 4-21　水下危险目标识别结果

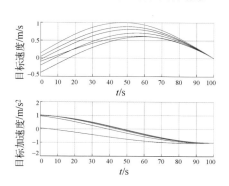

(a) 5次迭代学习过程

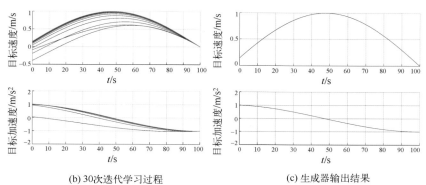

(b) 30次迭代学习过程　　　　　　　(c) 生成器输出结果

图 4-22　GAN 生成器训练过程

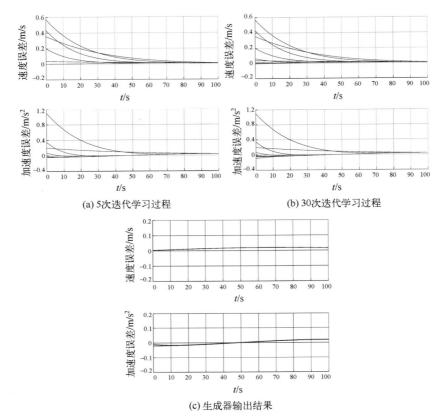

(a) 5次迭代学习过程　　　　　　　　　　　(b) 30次迭代学习过程

(c) 生成器输出结果

图 4-23　GAN 生成器训练过程误差

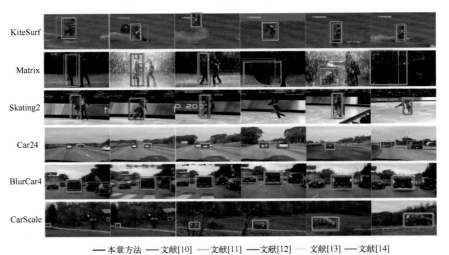

图 5-15　机动目标识别结果

図 5-17　機動目標識別結果

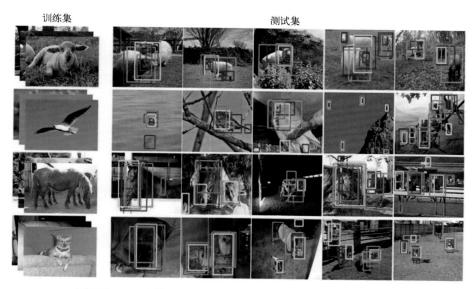

図 5-19　動物類数据集目标识别结果

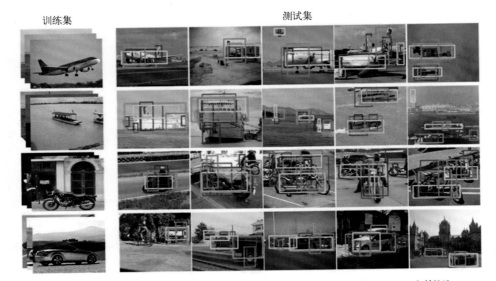

——本章方法 ——文献[17] ——文献[18] ——文献[19] ——文献[20] ——文献[21]

图 5-20 交通工具数据集目标识别结果

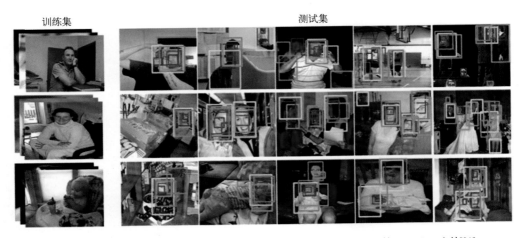

——本章方法 ——文献[17] ——文献[18] ——文献[19] ——文献[20] ——文献[21]

图 5-23 人类数据集目标识别结果